国防科技报告编写指南

朱东辉　马若涛　等编著

国防工業出版社

·北京·

内 容 简 介

本书通过梳理总结国防科技报告工作的相关法规制度和标准规范以及多年实践经验，厘清了科研项目承担单位开展国防科技报告工作的程序和要求，汇集了国防科技报告各部分构成要素的编写要求和典型示例。

本书可供科研项目承担单位的国防科技报告管理人员、科研人员参考。

图书在版编目(CIP)数据

国防科技报告编写指南／朱东辉等编著. —北京：国防工业出版社，2024.12
ISBN 978-7-118-12031-8

Ⅰ. ①国… Ⅱ. ①朱… Ⅲ. ①国防科学技术-研究报告-写作-指南 Ⅳ. ①E115-62

中国版本图书馆 CIP 数据核字(2019)第 271496 号

※

国防工業出版社出版发行
(北京市海淀区紫竹院南路 23 号　邮政编码 100048)
北京凌奇印刷有限责任公司印刷
新华书店经售

*

开本 710×1000　1/16　**印张** 8¼　**字数** 110 千字
2024 年 12 月第 1 版第 2 次印刷　**印数** 1501—1800 册　**定价** 79.00 元

(本书如有印装错误，我社负责调换)

国防书店：(010)88540777　　发行邮购：(010)88540776
发行传真：(010)88540755　　发行业务：(010)88540717

编写人员名单

朱东辉　马若涛　文秀芳　肖　华　史学敏
易利华　赵　锐　袁丽文　宋　宇　陈京丽
刘晓莲

前　言

国防科技报告是指完整、真实、准确记录国防和军事科研的过程、进展和结果，并按照规范要求编写的科技文献。根据国家和军队的有关法规政策，所有由国家财政投入用于国防和军队建设的科研项目均应呈交国防科技报告，并鼓励和倡导其他资金投入用于国防和军队建设的科研项目呈交国防科技报告。科研项目承担单位应当将国防科技报告工作纳入科研管理程序，在科研项目立项、下达、实施和验收等环节明确国防科技报告工作的具体要求，组织科研人员及时编写和呈交国防科技报告。

为帮助科研项目承担单位做好国防科技报告管理工作，帮助科研人员写出符合规范要求、高质量的国防科技报告，我们组织军内外国防科技报告领域专家，编写了本书，旨在通过系统梳理和总结国防科技报告工作的相关法规制度与标准规范，以及多年实践经验，厘清科研项目承担单位开展国防科技报告工作的程序和要求，为科研项目承担单位组织开展国防科技报告编写、审核和呈交工作提供帮助；厘清国防科技报告各部分构成要素的编写要求，辅以典型示例，为科研人员尤其是青年科研人员编写国防科技报告提供帮助。

本书包括 4 章和 1 个附录：第 1 章介绍科技报告的产生发展、特点和作用价值等；第 2 章介绍国防科技报告产生、呈交的流程和要求；第 3 章介绍国防科技报告技术内容的编写要求；第 4 章介绍国防科技报告的编排格式和范例；附录介绍了 GB/T 7713. 3—2014《科技报告编写规则》。

本书由朱东辉、马若涛、文秀芳、肖华、史学敏、易利华、赵锐、袁丽文、宋宇、陈京丽、刘晓莲等编写。本书编写工作得到了有关领导、专家的大力支持和帮助，在编写过程中参考了有关单位的资料和研究报告，摘录了部分公开报告作为范例，在此一并表示衷心的感谢。

由于水平有限，书中不足之处在所难免，敬请批评指正。

编著者

2019年4月

目　　录

第1章 概　述

科技报告是科研项目投资者或科研管理部门要求项目承担者呈交的反映研究过程中某阶段的进展情况或研究工作最终成果的技术信息产品。它应由项目的负责人根据一定的编写要求编写，并由一定的机构集中整理、编号、收藏和在一定范围内交流使用。科技报告一般来源于政府出资的科研项目，反映了一个国家的科研实力和水平，是一种重要的科技信息资源，其目的是进行知识的积累、传播、交流与共享，具有巨大的开发和利用价值，受到世界各国科研人员的重视和欢迎。

1.1 科技报告的产生发展概况

20世纪初，欧美地区由政府出资开展的研究项目大幅上升。在欧洲，出资方为对研究项目进行监控，要求承担研究的机构定期提供研究的进展情况、经费使用情况和获得结果的报告；美国也在1910年以前出现了具有科技报告特征的《矿物局调查报告》《美国地质勘探专业论文》及《国家标准局技术论文》等。第一种被公认为科技报告的政府出版物是1915年由美国国家航空咨询委员会（National Advisory Committee for Aeronautics，NACA）出版的NACA报告。第一次世界大战开始之前，美国在航空技术上落后于欧洲。为了改变这种落后局面，美国国会在1915年3月3日建立了NACA，负责航空飞行、超声速飞行、火箭喷气技术等方面的研究、试验和管理工作。NACA从1915年就开始出版技术报告、技术札记、研究备忘录、技术备忘录、战时报告、飞机资料快报、NACA先进技术保密报告、NACA先进技术限制发行报告、NACA限制发行文献通报、NACA保密文献通报等信息。这些报告虽然没有统一的编写要求和编号,也不以交流为目的,但出资方一般要求呈交的报告应详细记录研究过程及结果,具备了科技报告的一些重要特征。

作为积累、传播与交流科研成果的重要手段的、真正现代意义上的科技报告,其发展应始自于1941年美国战时科学研究与发展局(Office of Scientific Research and Development,OSRD)的成立。第二次世界大战期间,由于美国的很多政府机构,如陆军、海军和战争物资部门提出了与防务有关的研究计划,用于研发的经费大大增加,使得联邦政府在科学技术领域的地位和作用急剧扩张。为使国防科研能够密切配合战争,联邦政府于1940年成立了"国防研究委员会"(National Defense Research Committee,NDRC),进行各种武器的研制管理工作;同时为了减少武器研制工作中的重复现象,于1941年建立了统一的科技情报管理中心——战时科学研究与发展局(OSRD),负责军事科研系统科技报告的搜集、编目整理和服务使用,共出版了约3.2万篇报告。由于报告很好地为战争起到了服务作用,为更加系统地整理和充分利用第二次世界大战时期的军事科研成果,1945年,美国总统杜鲁门签署发布9568号令,成立了科学技术出版局(PB)(Office of science and technology publication board,PB),以后改名为技术服务局(Office of Technical Services,OTS),即今天的国家技术情报服务局(National Technical Information Service,NTIS)。科学技术出版局将美国从战败国德国和日本搜罗来的大量科技报告及技术档案进行统一编目整理,从1946年开始出版发行科学技术出版局报告,向美国政府各部门发行,并向公众和世界各国发行。1946年,美国成立原子能委员会(Atomic Energy Commission,AEC)。1951年,美国国防部成立武装部队技术情报局(Armed Services Technical Information Agency,ASTIA)。1958年,美国国会通过"空间法",决定将国家航空咨询委员会(NACA)改组、扩大,成立国家航空航天局(National Aeronautics and Space Administration,NASA)。这些机构陆续成立,加强了政府部门之间的科技情报工作,对政府部门产生的大量科技报告及时进行了系统搜集、统一编号、编目标引、统一收藏、通报报道和交流使用,在美国形成了庞大的科技报告工作系统。

20世纪五六十年代,科技和军事比较发达的国家,包括英国、法国、苏联、日本、加拿大、澳大利亚等国家和一些国际机构纷纷成立科技报告工作体系，使科技报告这一历史不算悠久，但极具生命力的新事物迅速发展成熟起来。

1. 美国科技报告

美国科技报告包括四大系统：①国家航空航天局的 NASA 报告；②国防部的 AD 报告；③能源部系统的 DE 报告；④政府其他民用部门的 PB 报告。美国科技报告工作体系如图 1－1 所示。

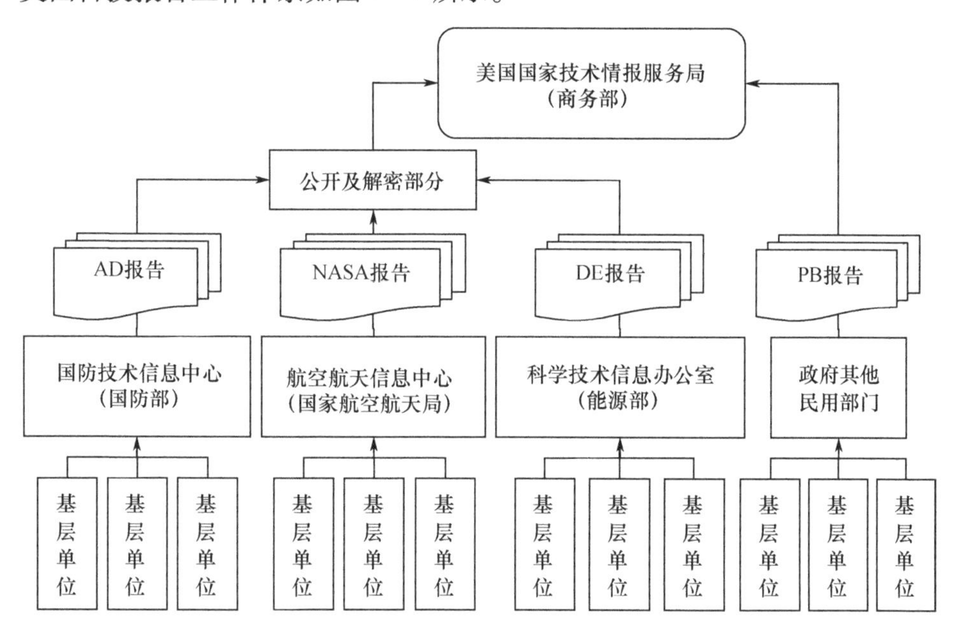

图 1－1　美国科技报告工作体系

美国科技报告是典型的集中与分布相结合的多层次收藏与服务模式。美国国家技术信息服务局（NTIS）是美国政府指定的公开类型的科技报告的唯一集中收藏单位，负责 PB 报告及公开发行的 AD 报告、NASA 报告和 DE 报告的集中收藏与服务。美国国防部国防技术信息中心（Defense Technical Information Center，DTIC）、航空航天局航天航空信息中心（Center for Aerospace Information，CASI）和能源部科学技术信息办公室（Office of Scientific and Technical Information，OSTI），负责本部门报告的收集和管理。各部门情报机构除向 NTIS 呈交公开报告之外，也负责集中提供本部门公开科技报告的存取服务。各基层单位也可分散提供本单位公开科技报告的存取服务。

目前,NTIS 收集来自200多个国内外相关机构的科技报告,馆藏科技报告约有300多万份,每年对外公开发行约为3万份。

2. 英国科技报告

英国科技报告的集中收藏主要由大英图书馆负责。国防科技研究院知识服务局作为英国国防机构传递科技报告的机构,也是英国与其他国家交换国防领域科技报告的核心机构;此外,大部分科技报告分散在科研院所、大学、政府和企业。2000年以前,尽管英国科技报告成为科研人员日常工作中很有价值的信息资源,但是它们一般都难以查找和获取,其出版发行被所属公司和机构所控制,因而许多科技报告从来都没有流通过。英国注意到这个问题后,开始加强信息资源建设和信息服务工作。2002年,英国开展“灰色文献收藏项目”,英国科技报告的收藏、管理与服务工作明显改善,大英图书馆的馆藏科技报告数量显著上升,数字化水平提高很快,英国科技报告逐渐成为国家信息资源的重要部分。

3. 欧盟科技报告

欧盟的科技发展开始于1984年的欧盟研发框架计划。欧盟框架计划科技报告管理机构为欧盟委员会,委员会通过合同管理方式将科技报告工作纳入科研管理程序。欧盟研发框架计划项目承包方在获得资助以前,需与欧盟委员会签订一系列的合同,合同明确规定项目承包方必须在项目每个阶段结束后45天之内向欧盟委员会呈交相应的报告。委员会收到报告后将对其进行评估,如果评估不通过,则可以终止合同。欧盟把科技报告作为灰色文献中的一种,通过建立欧盟灰色文献信息系统,由欧盟灰色文献开发协会管理,欧盟通过该系统提供科技报告等灰色文献的服务。

4. 法国科技报告

研究与新技术部(研技部)是法国统一的科技管理机构,此外还有独立的科学与研究部际委员会、可持续发展部际委员会、战略分析中心等科技管理机构。法国科技报告的管理由研技部、研究机构以及国家科技档案馆研究与技术部共同负责。其中,研技部负责制定法规政策;研究机构主要是负责报告的产生、呈交和利用,以及对非本部门机构或人员报告的利用需求进行审核;国家科技档案馆研究与技术部负责科技报告的收集、编目和保存工作,并依法提供使用服务。法国科技报告一般包括报告文本、专题技术资料、涉及科研项目执行过程的会议和论坛的材料等,涉及科学研究的整个过程。因此,法国的科技报告涉及范围很广,法国科技报告的管理更多的是科研过程的科技档案管理。

5. 德国科技报告

德国科技管理体制最大的特点在于集中与分散相结合,联邦和州各自履行其科研管理的职能,同时,作为国家创新体系组成部分的科研机构、高校与企业也拥有相应的独立决策权。德国科技报告与德国科学研究机构的种类相似,大致可以分成三个级别:一级科技报告,指联邦各部的科技报告;二级科技报告,主要指德国高等院校和马普协会、弗朗霍夫协会、亥姆霍兹联合会、莱布尼茨联合会等四大国家级科学研究机构的科技报告,以及德国工程师协会和德国电工技术人员联合会这些机构的科技报告;三级科技报告,来自基层研究单位,主要是德国四大研究机构下属研究所的科技报告。四大研究机构在对下属研究所和研究中心的部分科技报告进行统一编排和发布之外,各研究所还独自发表和收藏其科技报告,为用户提供查询、下载和订购服务。

6. 日本科技报告

日本在内阁府设立综合科学技术会议来协调各省厅开展科技活动,通过文部科学省统筹日本教育和科技的发展。日本不存在与美国国家技术信息服务局类似的机构和相应的科技报告管理制度,根据资金提供者不同,报告的呈交管理情况也有所不同。报告通常须呈交到出资省份的相应主管部门。

日本《国立国会图书馆法》规定,所有刊物均须向国会图书馆呈交保存样本,因此,已刊行的科技报告在国会图书馆都有保存,使用公共资金的项目报告通常也会呈交国会图书馆。文部科学省、日本学术振兴会的科研项目产生的研究报告的一些必要数据(课题名、概要、成果、研究者)通常呈交到科学技术振兴机构和国立情报学研究所,而其研究报告的文本则呈交到国立国会图书馆保存。大学、国立试验研究机构、独立法人等机构的研究课题数据会提供到科学技术振兴事业团(JST)。而农林水产方面的研究课题数据由农林水产省研究企划系统提供。另外,科学技术综合会议从2001年成立起开始收集最新研发情报(课题概要、成果、研究者),并将必要的情报制作成可供检索的数据库形成政府研究开发数据库。此外,一些研究报告文本则会呈交到国立国会图书馆收藏。

7. 我国科技报告

与美国等国家相比,我国科技报告工作起步较晚。20世纪60年代,在钱学森等多位科学家的倡导下,我国开始了国内国防科技资料搜集和国防科技报告体系建设的探索工作。1984年,为了将老一辈科学家在"两弹一星"等大型工程中积累的宝贵知识和丰富经验保存下来,我国开展了国防科技报告的抢救性编写和征集工作。1995年底,《中国国防科学技术报告管理规定》正式颁布,国防科技报告工作全面启动。

从2012年起,党中央、国务院以各种文件形式明确提出"加快建立统一的科技报告制度",并将其作为深化科技体制改革的重要举措。国务院办公厅于2014年8月转发科技部《关于加快建立国家科技报告制度的指导意见》,明确了国家科技报告工作的总体要求、组织管理机制。2015年8月,第十二届全国人大常委会通过《关于修改〈中华人民共和国促进科技成果转化法〉的决定》,要求"利用财政资金设立的科技项目的承担者应当按照规定及时呈交相关科技报告""鼓励利用非财政资金设立的科技项目的承担者呈交相关科技报告"。2015年9月,中共中央办公厅和国务院办公厅印发《深化科技体制改革实施方案》,要求在2017年全面实行国家科技报告制度。国家科技部于2013年10月颁发《国家科技计划科技报告管理办法》,首先启动了由科技部组织实施的国家科技计划、专项、基金的科技报告征集工作,并指导督促相关部门/地方启动科技报告工作,初步形成了国家、部门/地方、承研单位三个层面的国家科技报告工作体系。目前已经在国家科技报告服务系统上征集、共享了10万余篇科技报告。

1.2 科技报告的内涵与定位

科技报告是指完整、真实、准确记录科研项目研究的过程、进展和结果,并按照规范要求编写的科技文献。由定义可知,科技报告完整、真实、准确记录科研活动的基本原理、方法、技术、工艺和过程等,包括成功的经验和失败的教训,其目的是对知识的积累、交流与共享,提高科研起点,提升科研决策水平和管理质量。编写、呈交科技报告是项目承担者的义务,征集科技报告并使之在一定范围内交流使用是主管科研计划部门的权利和义务。

1. 科研工作必须完成的知识产品

科技报告主要来源于科研项目,是科研成果形式之一。根据国家有关法规政策及科技报告管理规定,所有由中央财政资助的科研项目均须呈交科技报告,在科研项目开展过程中科技报告没有完成,项目不能验收,科研工作不算全部完成,因此科技报告是科研工作必须完成的知识产品,科技报告的产生与呈交是科研项目承研单位的义务,科技报告的收集与管理是科研项目主管部门的责任。专利、论文等知识产品一般由科研人员自发产生,但科技报告与之不同,必须强制产生。

2. 国家集中统管的基础性战略资源

科技报告一般来源于承担科研任务的团队在项目实施过程中形成的原始记录、实验数据,是由项目负责人或主要科研人员编写,描述其从事的科研、设计、工程、试验和鉴定等活动的过程、进展和结果,能真实、完整、及时地描述科研的基本原理、方法、技术、工艺和过程,是国家技术积累、技术交流和共享的基本载体,应由国家集中收藏管理,是国家的基础性资源。科技报告是随着科研项目产生,它能反映项目承研单位的科研实力,也体现技术水平。科技报告可以全面细致地记载科技发展的历程和轨迹,减少和避免科研项目重复立项和投资浪费现象;对科技报告进行分行业、分区域、分机构类型等各种综合分析,可以及时得到行业、区域和重点科研机构的科技发展报告，也能形成一年一度的科技发展报告，这些都将对科技发展战略决策提供可靠的依据，是支撑科技发展不可或缺的战略性资源。

1.3 科技报告的特点

1. 告知性明确专一

科技报告侧重于报道客观事实，全面、具体地反映科研工作的全过程，报送对象明确。项目承担单位向科研计划管理部门呈交科技报告汇报反映科研项目的进展情况、结果及建议等，自觉接受监督和检查。项目承担单位向科研计划管理部门呈交科技报告，是必须完成的责任与义务。因此，告知性不仅明确而且专一，是科技报告的根本特点与属性。

2. 内容覆盖面广，技术含量高，专业性强

科技报告不仅包括项目的年度报告、中期报告、总结报告等，还包括项目实施过程中产生的调研报告、考察报告、实验报告、试验报告、分析报告、技术报告、研究报告等。科技报告的内容可以涉及不适宜公开发表的关键技术、核心技术、工艺方法等涉限、涉密信息，科技报告的技术含量和使用价值远高于公开发表的期刊、会议等文献。另外，科技报告侧重于事实，用成熟的理论来解决涉及试验、工艺、设备、材料等技术问题，是解决实际工作问题的经验和教训的总结，可用于指导今后管理、科研和生产工作，具有很强的专业性。

3. 新颖性和前沿性较强

科技报告能及时反映科研过程进展和技术进步成果，代表项目研制的最新状况和水平，体现项目的创造性内容，在保密安全的范围内交流和使用，能够提升科研工作起点，形成成果阶梯，促进科技发展与创新。科技报告主要来源于科研项目，内容涉及国家层面的战略尖端领域、重大科技问题、核心关键技术、新兴产业技术等方面，具有较强的新颖性和前沿性。

4. 无篇幅限制，时效性好

科技报告产生于科研工作和项目的进程中，不受研制周期节点的限制，

可以在科研项目的实施过程中随时形成和呈交,不必等到项目结束。科技报告也不受篇幅限制,可以是几页,也可以是几百页,具有发表快的特点。因此,科技报告能反映最新的科学研究进展和结果,可以快速地进行共享和交流与使用。

5. 编写规范标准

科技报告是由科研项目承担者或主要科研人员按照规定格式编写,题名、目录、摘要、正文等都有相应的格式规范标准,对内容也有较完整的要求。科技报告的编写是科研成果和科技档案文献化、隐形知识显性化的过程,内容详实,论述完整,可读性强,有利于交流与共享。

6. 内容完整成系列

科技报告工作是一种强制行为,它要求每一个科研项目都必须及时呈交科技报告,且集中收藏管理和提供使用,这就使得几乎所有的科研投资都产生和积累了科技报告。因此,科技报告作为一个科研项目的系列文献,基本涵盖科研项目所有的研究内容和技术进展。科技报告这种宏观上的完整性,使得它能完整、系统地反映科研、生产的进展和全貌,从而保证了以科技报告为载体进行知识积累的完整性与系统性。

1.4 科技报告与其他文献的关系

科技报告与期刊论文、会议论文、科技档案、科技成果、专利说明书等一样,是科技文献信息资源保障体系的重要组成部分,科技报告在内容的完整性、新颖性、技术含量等方面,以及在目的、格式、交流范围等方面与期刊、会议等学术论文、专著和科技档案、科技成果、专利说明书等文献既有联系又有所不同。

1. 科技报告与期刊论文

目前的科技期刊,大多是在一个相对固定的学科范围内,每期以相同的版面,按一定周期连续出版物。由于学科越分越细,因此科技期刊的数量也逐年上升,现在全世界有科技期刊 3 万种以上。对于某一学科的科研人员来讲,由于相关的一些期刊针对性强,信息反映得比较快,有较高的利用价值,尤其是从期刊中掌握某一领域的动态,会给读者带来很大的启发和帮助。同一项目产生的期刊与科技报告部分内容是重复的,但由于期刊的版面是固定的,一般对单篇文章的幅面也有限制,因此即便是叙述同一研究内容的文章,一般在期刊上发表的也是比较简短的,而列入科技报告的则是比较详细的。一般研究人员在期刊上发表文章的是向学会、基金或个人负责,属于一种社会行为,而呈交科技报告则是向出资方负责,属于一种行政管理行为或合同行为。因此即便是一个国家的部门,在其主办的科技期刊上,也不可能把该部门内所有的对口的研究项目都收到某一刊物上发表,而科技报告的管理体制则使所有使用政府研究经费的研究项目都能将科技报告呈交到科技报告管理部门。此外,科技期刊不发表涉密文章,而科技报告中有相当比例的涉密报告,这部分报告相对应用价值更高,在保证保密安全的前提下可在一定范围内提供使用,这就更加强了科技报告的实用价值。在时效性上,科技报告一般经 2 ~ 3 个月的处理即可提供使用,而期刊一般需 6 个月以上,慢的达 18 个月以上。科技期刊的有价值使用期一般为 3 ~ 5 年,而科技报告的有价值使用期为 10 ~ 15 年。

科技报告和期刊论文在其各自目的、产生过程、内容、关联性、编写要求、交流范围等方面的关系如表 1 – 1 所列。

表 1 – 1　科技报告与期刊论文的关系

类型	科技报告	期刊论文
目的	向主管部门呈交汇报、反映科研项目的研制、试验、设计、生产过程中的进展,总结科研知识和生产经验,对技术发展进行积累、传播、交流和利用	一般发表于学术刊物上或学术会议,主要表明作者所掌握的理论知识、基本技能以及从事科学研究或担负专业技术工作的能力,主观目的用于学位、职称评定等
产生过程	主要由国家财政投入,研究机构、高校或大型企业等承接项目,并根据项目研究过程或资助方要求呈交各类报告	作者通过承接项目或自主研发后,将研究或思考成果公开发表到期刊或会议上

（续）

类型	科技报告	期刊论文
内容	侧重于事实报道，真实而准确地反映客观进展情况，除了成功经验也包括失败教训，最终引导出结论或报告成果，或提出问题进行讨论；以长篇居多，包含丰富的数据、事实、现象等素材，通过跟踪一个项目的多个报告，能完整揭示一个项目的研发过程	主要体现独创性或新颖性，如新方法、新见解、新应用、新设计、新数据等，一般篇幅受限制，概括论述，内容精炼
关联性	其中可有部分脱密后改为学术论文	一般可按照国防科技报告格式要求形成国防科技报告
编写要求	政府指令性、强制性	个人自主的社会行为
交流范围	受密级与知识产权保护限制，交流范围特定	公开
其他	不受出版周期和篇幅限制，发表快，时效性强	受出版周期和篇幅限制，发表需要一定周期

2. 科技报告与科技档案

科技档案是指在科学技术研究过程中形成的，具有保存价值的文字、图表、数据、声像等各种形式载体的文件材料。科技档案侧重保存研究过程中形成的管理性文件和研究结果的依据性材料，无固定格式要求，主要服务于科研实施单位和管理部门的科研管理。目的是保存和备查，由档案部门管理。

在所有种类的科技文献中，科技档案的资料是最完整的。科技档案中除包含可行性报告、研制报告、设计图纸、照片等技术文件外，有的还包括原始记录的原本、任务书、行政文件等，一般档案都包含10多个或20多个种类的文献，从科技档案的完整性考虑，科技报告也应当列入科技档案的技术文献之中。但科技档案资料庞大，即便是一个项目的档案也有相当多的资料，使用很不方便，而对于其他研究人员来讲，所需参考的某一项目研制过程中的解决问题的方法，在档案中提炼还不够，因此针对性不够。科技档案的保存一般是比较分散的，并且其具有资料庞大的特点，很难高度集中，这也给使用带来了较大不便。另外，我国目前大部分单位实行的是对重点项目建档，而部分一般项目不建档的方针，使档案在宏观上也缺乏完整性。

科技报告侧重于科研过程、方法和结果的总结和记录，具有技术含量高，且有资料性和档案性的双重性质等特点，目的是用于科技信息交流共享，与科技档案在内容范围、整理编排、管理方式等方面有明显的不同。

科技报告最终会在科研档案中保留一份，是科研档案的重要组成部分，丰富了科研档案内容。科技报告的强制征集，也有利于加强科研档案的建设和管理工作，扭转科技人员档案意识薄弱、不愿呈交科研档案、基层科研档案管理力度不够的局面。

科技报告与科研档案两者之间的关系如表1－2所列。

表1－2　科技报告与科研档案的关系

类别	科技报告	科研档案
目的	对科学技术发展进行积累、传播、交流和利用	作为科研过程的记录和凭证，用于保存、备查和证据
内容	侧重于事实报道，反映客观进展情况，最终引导出结论或报告成果，或提出问题进行讨论	科研活动的原始记录等第一手资料，涵盖内容相对宽泛，包括批复、信函、通知等管理性和技术性文件
格式要求	按规定的格式编写	无固定格式要求，归档为案卷，成套保存
管理	由指定的科技信息机构管理	科研机构、档案馆管理
载体形式	纸质和电子版报告	报告、图纸、文字、表格、照片、声像资源、原始文件等
交流范围	按密级和知识产权保护范围进行交流	不允许外借和交流

3. 科技报告与科技成果

科技成果是指人们对某一科学技术研究课题，通过观察实验、研究试制或辩证思维活动取得的具有一定学术意义或实用价值的创造性结果，是在科学技术活动中通过复杂的智力劳动所得出的具有某种被公认的学术或经济价值的知识产品。科技成果需要由法定机关认可，在一定范围内经实践证明先进、成熟、适用，能取得良好经济、社会效益。科技成果强调研究结果的产品化、知识产权和专有技术，突出技术创新点和关键点、成果用途、经济效益与社会效益等内容，主要用于成果推广、转换和应用，形成的文字材料按成果格式编写，用于成果申报和授奖。

科技报告侧重于对科研项目研究过程和结果的完整记录与描述，既包括可以形成科技成果的研究结果，也包括不宜或不能形成公开科技成果的研究内容。科技报告与科技成果在技术含量、内容覆盖、产生的数量等方面有明显区别。

首先，科技报告和科技成果的差别表现为技术含量不同。科技成果资料主要包括相关评价证明、知识产权证明、用户证明等，虽然也包括研制报告、研究报告、学术专著、学术论文等，但总体上技术内容不够系统、不够详细。科技报告包括科研全过程各个阶段的技术内容和成果，甚至包括核心技术和关键技术，内容系统而专深。

其次，科技报告与科技成果的覆盖范围不同。在众多的科研项目研究结果中，只有能形成产品或工艺、具有实用推广前景、能取得良好经济或社会效益的成果才能申报科技成果，而大量的理论、方法、试验以及中间研究结果，最终不会转化为科技成果。科技报告不同，由国家财政投入的所有科研项目，不论是理论、方法、试验以及中间研究结果等都必须呈交科技报告，因此科技报告收集面更广、数量更多。

最后，科技报告与科技成果的时效性不同。应用技术项目研究完成后，其成果经过用户试用，取得用户证明后，才能申报成果，这往往需要 1 年以上时间。而科技报告是伴随科研过程产生的，较大的项目往往在项目整体完成前就会产生相当数量的科技报告，时效性强。

科技报告与科技成果的关系如表 1－3 所列。

表 1－3　科技报告与科技成果的关系

类别	科技报告	科技成果
目的	用于积累、传播、交流和利用科技信息	用于成果申报和授奖
内容	侧重于事实报道，反映客观进展情况，最终引导出结论或报告成果，或提出问题进行讨论	强调研究结果的产品化、知识产权和专有技术，突出技术创新点和关键点、成果用途、经济效益与社会效益等
格式要求	按规定的格式编写	按成果报告格式编写

（续）

类别	科技报告	科技成果
技术含量	科技报告包括科研全过程各个阶段的技术内容和成果，甚至包括核心技术和关键技术，内容系统而专深	科技成果资料主要包括相关评价证明、知识产权证明、用户证明等，虽然也包括研制报告、研究报告等，但总体上看技术内容不够系统、不够专深
收集范围	由国家财政投入的所有科研项目，无论有无成果，都必须呈交国防科技报告，因此科技报告收集面更广、量更大	科研项目有了成果才能申报成果，进行成果登记
时效性	科技报告是伴随科研过程产生的，较大的项目往往在项目整体完成前就会产生相当数量的阶段进展报告，时效性很强	应用技术项目研究完成后，其成果经过用户试用，取得用户证明后，才能申报成果，这往往需要1年以上时间

4. 科技报告与专利说明书

科技报告是国家科研项目承担者必须呈交的知识产品，能够完整真实记录项目全过程，包括成功经验和失败教训。科技报告的目的是交流、共享，提高科研起点，促进科学技术进步，它受国家保密法及有关限制使用范围等法规文件的保护，科技报告属于科学技术进步范畴。

专利是受法律规范保护的发明创造，它是指一项发明创造向国家审批机关提出专利申请，经依法审查合格后向专利申请人授予的在规定的时间内对该项发明创造享有的专有权。专利说明书对专利的技术内容有详细叙述，几乎包含了人类近代的所有发明，具有很好的使用价值。专利说明书的有价值使用期也达10～15年。从内容详细、涵盖范围广、使用价值高、有价值使用期长等方面看，专利说明书与科技报告有很多相近的地方，但它们的产生目的和形式是明显不同的。一般申报专利的项目均是对产品的开发研制，除新颖性、先进性和实用性的原则外，还要有望批量生产进入商品市场产生经济效益的项目才有申报专利的意义，即申请专利是围绕商品化和商业利润服务的。专利项目的产生也是一种社会行为，从目前我国习惯的说法来讲，它受专利法保护，属于创造发明范畴。

科技报告与专利说明书的关系如表1－4所列。

表1-4　科技报告与专利说明书的关系

类别	科技报告	专利说明书
目的	用于积累、传播、交流和利用科技信息	保护发明创造的首创者所拥有的独享权益
内容	侧重于事实报道,反映客观进展情况,最终引导出结论或报告成果,或提出问题进行讨论	单独、完整的技术方案,理论应能实现,法律性文件
格式要求	按规定的格式编写	按专利规定的格式编写(字数要求严格)
技术含量	科技报告包括科研全过程各个阶段的技术内容和成果,甚至包括核心技术和关键技术,内容系统而专深	单独的技术,理论应能实现,能够进行批量生产,并进入商品市场产生经济效益
收集范围	由国家财政投入的所有科研项目,无论有无成果,都必须呈交国防科技报告,因此科技报告收集面更广、量更大	必须是技术方案,主要是自然科学领域,不能是管理性文件
时效性	科技报告是伴随科研过程产生的,较大的项目往往在项目整体完成前就会产生相当数量的阶段进展报告,时效性很强	先申请制,时效性很强,谁先申请专利归谁

5. 科技报告与专著

专著一般是比较系统地阐述某一科技领域的成熟的原理,尤其注重理论阐述。而科技报告是科研人员对某一特定领域的科学研究的具体实践的总结,这些研究者一般都已掌握这个领域里相应的专著中所叙述的基本原理,并在此基础上深入进行一些研究,以满足社会的需求。对于从事相同或相近研究的人员,阅读科技报告对开阔眼界、促进研究有较强的针对性,所以科技报告与专著的主要区别是特殊性与一般性的关系。在形式上,专著一般都以公开出版物的形式与读者见面,每本在49页以上,在编排和印制上要求较高的质量,出版周期较长;而科技报告大部分都是非公开出版物,在编排、制作成本和制作周期上都有较大的自由度。在使用上,专著一般不受限制,而不同群体能够使用某类科技报告的全部还是部分,是有明显的区分的。

1.5　国防科技报告的作用和价值

国防科技报告作为国家巨额国防科研投入所形成的高价值技术资产，是国家的战略性科技资源，弥足珍贵。加强国防科技报告管理，对于强化国防科技知识储备、优化科研管理、促进科技成果共享、提高国防科研效益、推动军民融合深度发展具有重要意义。

1. 储备技术知识，避免资产流失

国防科技报告详细记录了国防科研全过程形成的技术成果，蕴含大量的技术细节、基础数据和工作经验，对其进行集中收缴和保存，能有效避免技术资产流失，实现知识产品的有效积累和传承。美国政府《联邦采办条例》(FAR)明确规定，国家财政投入项目都要呈交科技报告。美国国防部通过立法，将其AD报告工作纳入采办程序，建立科技报告强制征缴机制，规定"国防科研合同中必须明确承包商提供符合项目要求的科技报告"，并交由国防技术信息中心统一管理。

2. 支撑科学立项，避免重复投入

科技报告是以往国防科研活动的结晶。在立项审批时，通过检索科技报告，对项目的主要研究内容进行创新性核查，可有效避免重复立项和投资浪费，提高立项的科学性。美国国防部明确要求，在科研项目申报时必须对已有AD报告开展检索查重，以往研究过的内容不得立项。美国五角大楼发言人2013年6月在《联邦时代》发文称，通过开展AD报告甄别、验证和分析，减少国防重复投入，每年节省经费达数百亿美元。

3. 促进成果共享，提升科研效率

科技报告作为国防科研成果的重要传播媒介，其共享和交流使用有助于科研人员及时了解各领域的最新进展，消除技术孤岛，相互启发借鉴，激发创新活力，从而提高科研起点，缩短研制周期，提升国防科研效益。根据DTIC和美国金氏研究集团公司对1982年AD报告使用情况进行的联合评估，当年，美国AD报告总量为110万份，15.7万参与国防部项目的科学家和工程师使用了 AD 报告,年人均使用率达 80 次,为国防部节省经费 375 亿美元。

4. 助力科技评价,促进科研诚信

国防科技报告真实反映了国防科研项目的完成情况,体现了承研单位的科研能力和学术水平,其数量和质量可以作为评价承研单位履约能力的重要指标。同时,通过对科技报告真实性和创新性的检查,有助于监督科研行为,防止科研腐败和弄虚作假。美国国防部将承研单位完成的科技报告情况,作为其承担后续任务的重要依据。国务院 2014 年颁发的《关于加快建立国家科技报告制度的指导意见》也明确规定,对科技报告存在抄袭、数据弄虚作假等学术不端行为的,纳入项目负责人和项目承担单位的科研信用记录并向社会公布,确保科研的严肃性和公正性。

5. 加快成果转化,推进军民融合

国防科技报告作为国防科技成果的重要载体,通过对其定期降密、解密,建立军民资源共享机制,面向全社会开放使用,从而实现不同高科技创新主体之间信息共享共用,促进国防科技成果向民用领域转移,推动军民融合深度发展。美国特别重视科技报告的推广交流,DTIC 会同美国国家航空航天局航空航天科技信息中心、能源部科学技术信息办公室、美国国会图书馆等 13 家科技信息机构,组建了科技信息服务联盟(CENDI),通过共同建立的"科学网站"面向公众提供科技报告服务,为全社会充分利用国防科研成果提供了畅通渠道。

第2章　国防科技报告产生、呈交的流程和要求

国防科技报告的产生与呈交是国防和军事科研工作的重要组成部分，科研项目承担单位应当将其纳入本单位的科研管理程序和科研人员的岗位职责，与科研项目同步部署、同步实施、同步检查、同步验收，在科研工作的各环节提出产生与呈交国防科技报告的要求，确保国防科技报告随着科研项目的进展与完成而及时产生和呈交；同时，由于国防科技报告真实反映了科研项目的完成情况，体现了科研人员的科研能力和学术水平，其数量和质量可以作为评价科研实力的重要指标，因此，项目承担单位还应将国防科技报告的呈交和共享使用情况纳入科学技术评价指标体系，作为绩效考核以及后续滚动支持的重要依据，将呈交合格的国防科技报告作为推荐军队科学技术奖和国家科学技术奖的必要条件，提高科研人员编写和呈交国防科技报告的积极性。

2.1　工作职责

《国防科技报告管理规定》明确科研项目承担单位开展国防科技报告工作的职责包括：

（1）指定专人负责本单位的国防科技报告工作；

（2）督促项目负责人组织科研人员编写国防科技报告；

（3）负责本单位国防科技报告密级的变更；

（4）审核本单位人员对国防科技报告的使用权限；

（5）开展本单位国防科技报告的审核、呈交和业务培训。

科研项目承担单位应根据上述职责要求，建立本单位的国防科技报告工作管理体系，明确本单位国防科技报告工作的责任人，明确科研管理部门归口管理本单位国防科技报告工作。

1. 明确本单位国防科技报告工作的责任人

一般情况下，由本单位主管科研的领导作为本单位国防科技报告工作的责任人，负责指导督促将国防科技报告工作纳入本单位制定的科研管理、科技奖励、绩效考核等文件或工作程序中，确保本单位国防科技报告工作的正常、有序开展。具体要求如下：

（1）将国防科技报告工作纳入本单位的科研管理程序，在本单位制定的科研管理文件或管理程序中，明确规定：①在立项阶段，对相关领域的国防科技报告进行检索、查重，准确界定项目的科研起点和研究内容，避免重复立项。立项报告中注明本项目产生国防科技报告的数量和完成时限。②在项目下达或者合同订立阶段，任务书或者合同书中明确呈交国防科技报告的数量和完成时限。③在项目验收阶段，核查国防科技报告的完成情况，对未按照规定完成国防科技报告任务的项目，不予验收或者结题。

（2）将呈交合格的国防科技报告作为推荐军队科学技术奖和国家科学技术奖的必要条件，体现在两个方面：一是推荐科学技术奖励的科技成果中必须包含国防科技报告，要将国防科技报告作为科技成果的必要组成部分一并上报；二是呈交的国防科技报告质量必须合格，具有国防科技报告专业管理机构出具的国防科技报告收录证书，数量上符合科研项目任务书或者合同书明确的报告数量要求。

（3）将国防科技报告的呈交和共享使用情况，纳入本单位的科技评价指标体系，作为对科研人员进行绩效考核以及后续滚动支持的重要依据，即在涉及科研人员业绩考评、晋升、后续科研项目承担等方面，将国防科技报告呈交和应用情况作为重要因素纳入其中，与科技成果、学术论文、著作、专利等一样纳入评价指标体系。

（4）国防科技报告产生、呈交、服务和使用工作所需经费纳入相应科研项目的经费预算。

2. 明确科研管理部门归口管理本单位国防科技报告工作

一般情况下,由科研管理部门归口管理本单位国防科技报告工作,主要工作内容包括:

(1) 指定专人作为本单位国防科技报告管理人员。

(2) 在立项申报时,组织项目组在立项报告的成果形式栏中注明本项目计划产生国防科技报告的数量和完成时限,并将编写、审核和呈交报告所需费用纳入成本预算。

(3) 在立项审查时,组织对相关领域的国防科技报告进行检索、查重,准确界定项目的科研起点和研究内容,避免重复立项。

(4) 在向项目组下达项目和订立合同时,在任务书和合同书的成果形式栏中明确呈交国防科技报告的数量和完成时限。

(5) 及时汇总本单位科研项目产生的国防科技报告的数量和完成时限等信息,形成国防科技报告呈交计划,提交至国防科技报告专业管理机构。

(6) 督促项目负责人组织科研人员按任务书、合同书及《科技报告编写规则》的要求,采用国防科技报告编写系统编写报告。

(7) 组织完成国防科技报告审核工作。

(8) 按规定的数量和要求及时汇总呈交本单位的国防科技报告。

(9) 在组织项目验收时,组织国防科技报告管理人员,按照项目任务书与合同书规定的数量和时限要求核查该项目国防科技报告的完成情况,对未按规定要求完成国防科技报告、未取得国防科技报告收录证书的项目不得通过验收。

(10) 开展本单位国防科技报告工作的宣贯培训。

(11) 根据情况变化及时变更国防科技报告的密级、保密期限和知悉范围,并将变更情况及时通报国防科技报告专业管理机构。

(12) 审核本单位人员对国防科技报告的使用权限。

2.2 工作流程和要求

国防科技报告工作覆盖国防科研活动的各个阶段。项目承担单位应将国防科技报告工作纳入科研管理程序,有组织、有计划地开展国防科技报告工作。具体流程包括:确定国防科技报告呈交计划,编写、审核、呈交和检查验收国防科技报告等。

2.2.1 确定国防科技报告呈交计划

1. 立项申报阶段

项目负责人在进行科研项目立项申请时,应在立项申请报告的成果形式栏中填写该项目计划完成的国防科技报告的类型、数量和完成时限,并将编写、审核和呈交报告所需费用统一纳入相应的项目成本中。

国防科技报告的类型包括:

(1) 最终报告,即验收(结题)报告。所有的科研项目或课题,无论规模大小、研制周期长短,在工作完成之后都要编写验收(结题)报告。验收(结题)报告一般产生于项目收尾和项目验收之间。验收(结题)报告必须全面、准确、客观地反映项目研制的整个过程,同时突出重点工作,体现项目研制的特点和创新性。

(2) 进展报告,包括年度报告、中期报告。对于实施周期较长的项目,除了项目完成时要有验收(结题)报告外,项目取得阶段性进展时还要编写进展报告。进展报告产生于项目实施过程中,可以按照项目实施年度编写年度报告,也可以按照项目实施阶段编写中期报告,中期报告应当能够反映项目某阶段取得的突破性技术成果。

(3) 专题报告,包括研究报告、实验(试验)报告、调研报告、工程报告、设计报告、测试报告、评估报告等。在项目实施过程中,为了解决某些关键技术难点,经常需要组织开展专题性研究。对于其中取得重大技术创新、具有较好交流利用价值的成果,应当组织编写相应的专题报告。专题报告的类型包括但并不限于以上所列举的范围。

科研项目呈交报告的数量,根据项目类型、规模和研制周期等因素确定:

(1) 所有项目,无论规模大小、研制周期长短,在工作完成之后、项目验收之前,都应当呈交1篇验收(结题)报告。如果项目验收时对验收(结题)报告进行了修改,则应当在项目验收之后,重新呈交最终的验收(结题)报告。

(2) 实施周期超过2年(含2年)的项目,除了在项目验收时呈交验收(结题)报告,还应当按年度或阶段呈交进展报告。进展报告如以年度报告形式呈交,应当在验收年度之外的其他每个年度呈交1篇;进展报告如以中期报告形式呈交,应当在验收年度之外的其他每个阶段呈交1篇。

(3) 规模较大的项目,除了呈交验收(结题)报告和进展报告外,还需要根据专题性研究活动的开展情况,呈交必要的、数量不等的专题报告。需要强调的是,国防科技报告的呈交以子项目为单位进行开展,科研项目承担单位将项目分解为多个子项目下达的,相应的项目组应当分别呈交国防科技报告。

2. 立项审查阶段

在立项审查时,科研管理部门首先应组织对相关领域的国防科技报告进行检索、查重,准确界定项目的科研起点和研究内容,避免重复立项;其次,科研管理部门在组织进行立项审查时,应同时对立项申请报告中提出的国防科技报告类型、数量和完成时限等内容进行审查和修正。

3. 任务下达阶段

科研管理部门在向项目组下达项目和订立合同时,应当在任务书和合同书的成果形式栏中明确该项目最终应呈交国防科技报告的数量和完成时限,通知到科研项目负责人。该要求作为项目任务书和合同书的正式条款,来约定该项目应当编写和呈交国防科技报告的最低数量和最晚呈交时限。

4. 汇总形成国防科技报告呈交计划

科研项目承担单位应当在项目下达或者合同订立后两个月内,汇总项目任务书或者合同书中明确的国防科技报告数量和完成时限等信息,并初步确定报告名称,汇总形成本单位本年度新上项目呈交国防科技报告计划,作为督促项目负责人组织编写国防科技报告的依据。

科研项目承担单位应当在项目下达或者合同订立后两个月内,按照项目支持渠道,分类汇总形成本单位本年度国防科技报告呈交计划,呈交至项目下达方或者委托方指定的国防科技报告专业管理机构。

国防科技报告呈交计划确定阶段的工作内容如表2-1所列。

表2-1　国防科技报告呈交计划确定阶段的工作内容

阶段	责任主体	工作内容	输出记录
立项申请阶段	项目负责人	在立项申请报告的成果形式栏中填写该项目计划完成的国防科技报告的数量和完成时限，并将编写、审核和呈交报告所需费用统一纳入相应的项目成本中	立项申请报告
立项审查阶段	科研管理部门	(1) 组织对相关领域的国防科技报告进行检索、查重，准确界定项目的科研起点和研究内容，避免重复立项。 (2) 组织进行立项审查时，同时对立项申请报告中提出的国防科技报告数量和完成时限等内容进行审查和修正	立项申请报告
任务下达阶段	科研管理部门	在任务书和合同书的成果形式栏中明确该项目最终应呈交国防科技报告的最低数量和最晚呈交时限	任务书或合同书
报告计划编制	国防科技报告管理人员	在本年度任务书、合同书或协议书等正式下达或签订后，及时汇总编制本单位国防科技报告呈交计划，呈交相应的国防科技报告管理机构	国防科技报告呈交计划

2.2.2　组织编写国防科技报告

国防科技报告管理人员应按照国防科技报告呈交计划组织、督促科研人员在规定时间内按要求编写国防科技报告。

1. 报告编写

项目负责人和项目主要完成人是国防科技报告编写的主体。项目负责人应根据科研任务书或合同书中规定的国防科技报告数量和时限，按照GB/T 7713.3—2014《科技报告编写规则》的要求，组织本项目的主要完成人，使用国防科技报告编写系统编写国防科技报告，填写国防科技报告审定表。要求使用国防科技报告编写系统编写报告：一方面可以省去报告格式设置等工作，方便作者，并确保编写格式的规范统一；另一方面，能够从报告产生源头起即形成规范的电子版，方便报告的后续加工处理和交流使用。

2. 报告初步定密

国防科技报告密级、保密期限和知悉范围的确定，依照《中华人民共和国保密法》《中国人民解放军保密条例》等法律法规执行。

国防科技报告分绝密、机密、秘密、公开四类进行管理。国防科技报告的保密期限，根据保密事项的性质和特点，按照维护国防安全和军事利益的实际需要确定。能够确定具体保密期限的，应当确定具体保密期限；不能确定具体保密期限的，保密期限按照绝密级30年、机密级20年、秘密级10年确定。

3. 知识产权标识

国防科技报告允许包含国防专利内容，并依照《国防专利条例》的规定进行保护，但受保护的前提是在呈交国防科技报告之前依法提出国防专利申请，或者说在国防专利申请日之后呈交国防科技报告，其目的是确保专利申请内容的新颖性、符合《国防专利条例》设置的保护条件。

为提醒国防科技报告查阅者报告中涉及国防专利内容并受《国防专利条例》保护，科研项目承担单位应当在国防科技报告的封面作出显著的国防专利保护标识，并在报告辑要页注明国防专利授权号或者国防专利申请号。如果发生因查阅国防科技报告而造成其包含的国防专利权益受到损害，该标识可作为国防专利权益保护诉求的重要证据。

国防科技报告编写阶段的工作内容如表2－2所列。

表2－2　国防科技报告编写阶段的工作内容

责任主体	工作内容	输出记录
国防科技报告管理人员	按照国防科技报告呈交计划，组织、督促科技人员在规定时间内按要求编写国防科技报告	
项目负责人	根据科研任务书或合同书（协议书）中规定的国防科技报告数量和时限要求，按照GB/T 7713.3—2014《科技报告编写规则》，组织本项目的主要完成人，使用国防科技报告编写系统编写国防科技报告	国防科技报告及审定表
报告作者	初步定密和知识产权标注	国防科技报告及审定表

2.2.3　组织审核国防科技报告

国防科技报告是一种知识产品，在国防科技报告的产生和管理过程中，项目承担单位应将国防科技报告的质量作为国防科技报告工作开展的关键，采取有效手段开展质量审核工作，做好质量控制。

1. 国防科技报告审核体系

项目承担单位应当建立本单位国防科技报告审核体系。国防科技报告审核体系一般由国防科技报告管理人员、领域技术专家、保密部门、知识产权部门以及本单位国防科技报告工作责任人组成。其中,国防科技报告管理人员承担格式审核工作,领域技术专家承担技术内容审核工作,保密部门和知识产权部门承担保密、知识产权审核工作,国防科技报告工作责任人负责对报告进行最终审定。

国防科技报告管理人员承担国防科技报告审核的组织管理工作。国防科技报告作者在完成报告编写后,应当将国防科技报告及审定表及时呈交本单位国防科技报告管理人员,由其组织开展国防科技报告审核工作。

2. 国防科技报告审核的内容及流程

1) 技术内容审核

国防科技报告技术内容审核由领域技术专家负责。一篇报告一般指定一位专家负责进行审查。该专家应是同一研究领域中了解项目研究情况的具有高级职称的人员。报告作者自身不能是报告的审查人。

审核要求:①能完整、准确、具体、翔实地反映该项目的主要技术状况和水平,创新点明确,具有重要的理论意义或实际意义;②报告内容饱满、充实,条理清晰、层次分明、逻辑性强、文笔流畅;③参考文献全面、如实、新颖。

审核专家应根据上述要求,重点对报告的理论阐述、公式运用、实验数据、关键技术及报告所反映的技术深度、真实程度等进行详细审核,填写审核意见并签字。审核意见主要包括:报告的水平,记载技术的完整程度、深度、价值及行文等内容。

2) 格式审核

格式审核由国防科技报告管理人员承担,基本要求是国防科技报告应符合 GB/T 7713.3—2014《科技报告编写规则》要求,并使用国防科技报告编写系统编写。

特别需要注意的格式审核事项:①封面、辑要页、审定表数据项填写是否齐全、准确和一致;②完成单位名称填写是否正确、统一、规范;③版面是否整齐、清晰、美观;④插图、照片等是否清晰、能复制或缩微。

3) 保密审核

保密部门对报告密级、保密期限和知悉范围进行审查,确保密级、保密期限、知悉范围准确、适当,既能确保国家安全利益和单位的技术权益,又便于报告的交流和使用;密级、保密期限、知悉范围标识准确无误。

4) 知识产权审核

知识产权部门对报告涉及的知识产权进行审查,对技术内容涉及已申请专利的,确保在辑要页注明专利授权号或者申请号,并在封面等显著位置做出明确标识。

5) 最终审核

经上述全部审核符合要求的报告,由国防科技报告管理人员上报本单位国防科技报告工作责任人,完成本单位对国防科技报告的最终审核。

2.2.4 组织呈交国防科技报告

1. 编号

国防科技报告通过审核后,国防科技报告管理人员应对国防科技报告进行编号。

国防科技报告编号由大写字母 GF、部门代码、单位代码、年度标识、单位年度顺序号和密级代码 6 部分组成,前 4 项间用“ - ”分隔。其中,“GF”是国防科技报告的标识性代码;部门代码是由 4 位大写字母构成的代码,由国防科技报告工作主管机关统一确定;单位代码 9 位,由 9 位大写字母或阿拉伯数字组成,由上级国防科技报告专业管理机构确定;年度标识,是报告完成的年份,用 4 位阿拉伯数字表示;单位年度顺序号,是报告完成单位在本年度完成报告的顺序号,用 4 位阿拉伯数字从“0001”开始编号;密级代码,公开(GK),秘密(MM),机密(JM),绝密(UM)。例如,GF - 部门代码 - 单位代码 - 20160001MM,表示由某部门下达项目、由某单位于 2016 年完成的、顺序号为 1 的报告,密级为秘密。

2. 呈交

1) 机密、秘密、公开报告的呈交

科研项目承担单位,应当在报告通过审核和编号后,按照项目任务书或者合同书中明确的完成时限,将机密、秘密、公开的国防科技报告呈交至相应的国防科技报告专业管理机构。呈交材料包括电子版(一套)、纸质清单(一式两份)、纸质审定表(一式三份)。

2)绝密报告的管理和呈交

科研项目承担单位应当按照保密规定,管理绝密国防科技报告,并将报告的编号、名称、完成单位、作者、分类号等相关信息降密处理,提交至相应的国防科技报告专业管理机构。各国防科技报告专业管理机构汇总并提交全军国防科技报告专业管理机构。

2.2.5 组织检查验收

全军国防科技报告专业管理机构对呈交并符合规定要求的国防科技报告,统一出具《国防科技报告收录证书》。《国防科技报告收录证书》是国防科技报告完成的法定凭证。

科研项目承担单位在科研项目验收阶段核查报告完成情况时,应当对照项目任务书或者合同书中规定的报告呈交数量,核查相对应的《国防科技报告收录证书》取得情况。对未取得规定数量《国防科技报告收录证书》的项目,视为未完成国防科技报告任务,不得通过验收或者结题。

2.2.6 密级变更

国防科技报告的密级、保密期限和知悉范围,应当根据情况变化及时变更。国防科技报告的密级、保密期限和知悉范围的变更,由科研项目承担单位决定,也可以由其上级机关决定。

1. 提前解密

科研项目承担单位应当定期审核本单位的密级国防科技报告。国防科技报告所包含的军事秘密在保密期限内因保密事项范围调整不再作为军事秘密事项,或者公开后不会危害国防安全和军事利益,不需要继续保密的,应当及时解密,并及时填写国防科技报告密级、期限、知悉范围变更通知单,书面通知相应的国防科技报告专业管理机构。

2. 延长保密期限

国防科技报告保密期限届满前,原定密单位或者其上级单位应当进行复核,需要延长保密期限的,应当重新确定保密期限,并及时填写国防科技报告密级变更通知单,书面通知相应的国防科技报告专业管理机构。

2.2.7 小结

项目承担单位开展国防科技报告产生和呈交工作流程如图 2-1 所示。

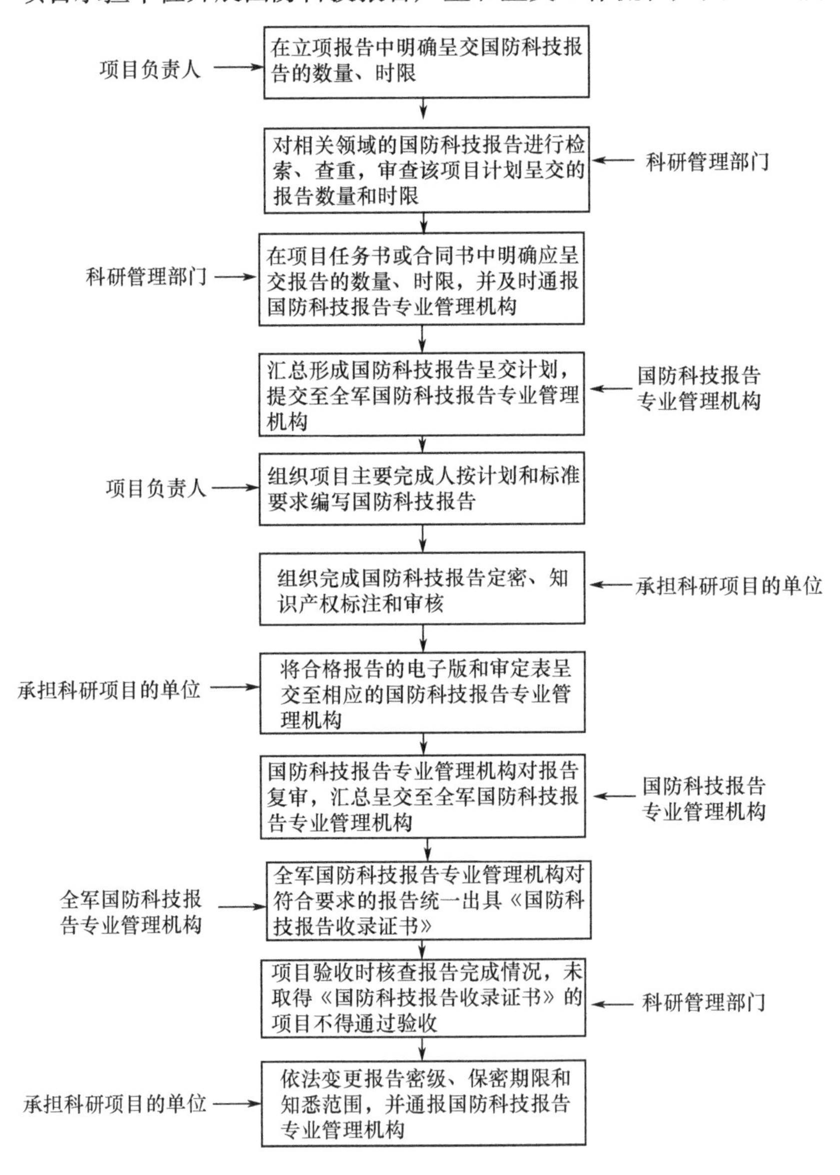

图 2-1　国防科技报告产生和呈交工作流程

国防科技报告产生与呈交工作内容和要求如表2-3所列。

表2-3 国防科技报告产生与呈交工作内容和要求

工作阶段		责任主体	工作内容和要求	输出记录
确定报告呈交计划	立项申请	项目负责人	在立项申请报告的成果形式栏中填写该项目计划完成的国防科技报告的数量和完成时限,并将编写和呈交报告所需费用统一纳入相应的项目成本中	立项申请报告
	立项审查	科研管理部门	(1) 组织对相关领域的国防科技报告进行检索、查重,准确界定新上项目的科研起点和研究内容,避免低水平重复立项。 (2) 组织专家进行立项审查时,同时对立项申请报告中提出的国防科技报告、数量和完成时限等内容进行审查和修正	立项申请报告
	任务下达	科研管理部门	在任务书和合同书的成果形式栏中明确该项目最终应呈交国防科技报告的最低数量和最晚呈交时限	任务书或合同书
	计划编制	科技报告管理人员	在本年度任务书、合同书或协议书等正式下达或签订后,汇总编制本单位的国防科技报告呈交计划,呈交指定的国防科技报告管理机构	报告呈交计划
编写国防科技报告		科研管理部门	按照国防科技报告呈交计划,组织、督促和检查科技人员在规定时间内按要求编写国防科技报告	
		项目负责人	根据科研任务书或合同书(协议书)中规定的国防科技报告数量和时限要求,按照GB/T 7713.3—2014《科技报告编写规则》,组织项目主要完成人,使用国防科技报告编写系统编写国防科技报告	国防科技报告及审定表
审核国防科技报告		科技报告管理人员	国防科技报告的审核内容包括技术内容审核、编写格式审核以及保密和知识产权审核等。科研管理部门负责组织审核工作,并由国防科技报告管理人员具体承担:编写格式审核工作由国防科技报告管理人员承担;技术内容审核工作由指定的技术专家承担;保密、知识产权等审核工作由保密部门和知识产权部门承担;国防科技报告工作责任人负责对报告进行最终审定。 国防科技报告的审核要求主要包括:①报告的数量是否符合要求;②报告的技术内容、基本信息是否完整、真实、准确;③报告密级、保密期限和知悉范围的确定是否符合国家与军队保密法律法规的有关规定和本规定;④报告编写是否符合国家标准和本规定	国防科技报告审定表

（续）

工作阶段	责任主体	工作内容和要求	输出记录
呈交国防科技报告	科技报告管理人员	对国防科技报告进行编号。 在报告通过审核和编号后，按照项目任务书或者合同书中明确的完成时限，将机密、秘密、公开的国防科技报告呈交至相应的国防科技报告专业管理机构。 科研项目承担单位应当按照保密规定，管理绝密国防科技报告，并将报告的编号、名称、完成单位、作者、分类号等相关信息降密处理，提交至相应的国防科技报告专业管理机构	报告电子版、呈交清单审定表纸质版
检查验收	科研管理部门	科研管理部门在组织项目验收时，组织国防科技报告管理人员，按照项目任务书与合同书规定的报告数量和时限要求，核查该项目取得国防科技报告收录证书的情况，对未取得国防科技报告收录证书的项目，按不通过验收或不予以结题处理	
密级变更	保密部门	定期审核本单位的密级国防科技报告，对不需要继续保密的，应当及时解密，并及时书面通知国防科技报告专业管理机构。 复核保密期限即将届满的密级国防科技报告，对需要延长保密期限的，应当重新确定保密期限，并及时书面通知国防科技报告专业管理机构	密级期限变更通知单

第3章 国防科技报告技术内容的编写要求

国防科技报告技术内容编写的总体要求有以下几个方面。

(1) 报告内容主要涉及科技方面,技术内容必须完整、准确、真实地反映项目的研究情况,注重基础理论性、科研学术性和工程实用性。报告的重点是描述项目的研究过程和结果。

(2) 报告中的技术要点必须无遗漏、无错误;技术数据必须真实、可靠,例如材料配方、试验参数、试验结果等必须客观。

(3) 报告要结构严谨、论点明确、论据充分、层次分明、语句通顺、文字简洁、条理清晰、逻辑性强,不得渲染和夸张,不必带有感情色彩。

(4) 报告的结论部分,应确切、精炼地给出研究结果和建议,提出进一步的工作设想和后续尚待研究的问题。

(5) 在报告中引用已知的基础知识和计算公式时,不需要推导或者论证,但一定要注明出处或相关参考文献。

此外,一篇好的报告,题名、摘要、关键词、引文等部分也很重要。

3.1 怎样给报告起一个好名字

3.1.1 题名的作用

对于任何一篇报告,读者首先看到的是题目。因为读者的阅读动机不是为了欣赏和消遣,而往往是带着解决问题的需要去寻找适合自己"胃口"的阅读内容。显然,若报告的题目不贴切、一般化,则难以引起读者的注意,发表的报告无人问津,甚至永远不能与想要利用它的读者见面而被搁置。所以有人称题目是"文章的旗帜""文章的眼睛",说明题目在文章中的地位和作用。

对于国防科技报告来讲,国防科技报告的题名是高度概括报告中心思想和内容的灵魂,是读者快速准确了解报告主题的有效途径,同时也是数据库系统中最有用的检索字段。好的题名能使读者对报告的主题一目了然,将读者迅速引入报告的正文;如果题名编写不当,不仅无法有效反映报告的主要信息,浪费读者的阅读时间,而且会导致报告在使用过程中难以检索,造成交流困难。

3.1.2 题名可以最后定

编撰好的题名,需在报告编写之前,先根据项目的研究内容、报告提纲,并结合报告类型,为报告拟订一个临时标题,待报告全部编写、修改完成之后,再根据报告内容的变化和调整,正式进行题名的编写。

题名包括主题名和副题名。一个好的主题名能准确地点出报告的主题。如果主题名无法完整地反映报告的重要信息,就需要一个副题名进行补充,避免主题名过于宽泛。副题名也可以对主题名进行延伸和诠释,或者体现报告的阶段性,如中期报告、最终报告等;也可以体现报告的类型,如基础理论研究报告、型号研制报告和专题系列报告等。如果主题名能够完整表达报告的核心内容,那么一般可以不加副题名。

3.1.3 题名编写时要注意的问题

从报告的文稿中发现,有的作者在编写报告题名时,报告题目太简单,主题不突出,针对性不强,而有的报告的题目太长,还有的报告题目出现缩写词或化学分子式,这样不便于检索。好的题目应该是用尽可能少的词充分表达文章的内容。在题名编写过程中,作者通常需注意以下几个方面的问题:

(1) 使用标准规范的用语。尽量采用《国防科学技术叙词表》中正规的叙词,不要使用自己编造的词汇。如果报告涉及的技术和概念属于前沿科学,在《国防科学技术叙词表》中无法找到对应的叙词,可以参考同方知网(CNKI)中使用的叙词表,以便于文献人员加工和读者检索。

(2) 具体和准确。要集中反映报告的主要内容,具体、准确地表达报告的主题,不可偏离报告的研究范畴,同时,又要避免使用过于宽泛的词汇,如研究、发展、试验、调研等。

(3) 尽量简短。要求一般不得超过20个字,且便于读者理解,通过题名能快速识别报告的研究内容,不要使用冗长的叙述性语言。

(4) 使用全称。尽量不使用中文缩略语,如果使用英文缩略语,必须加括号注明全称。另外,数学公式和带上下角标的外文字符不利于检索,尽量少用。

(5) 尽量不涉及保密信息。尽量不涉及未经公开的型号等保密信息,以便于二次文献的加工,以及信息的及时广泛发布。

(6) 征求意见。如果作者对自己拟订的题名不满意或者没有把握,可以征求负责报告审查的专家的意见,特别是征求专家对副题名的意见。

3.1.4 题名实例

题名实例如表3-1所列。

表3-1 题名实例

原题名	分析	修改后的题名
一些海洋学测量	过于概括,不利于文献加工标引,检索结果没有针对性,毫无意义	斯克利普斯海底峡谷的混浊度和洋流测量
使用最佳增益控制装置改进弱信号无线电接收	像是对研究过程的描述,过于具体,不够精练	用于最佳弱信号接收的增益控制装置
测定通过无线电真空管和设备的电压放大的可行性实验计划	未经推敲,太长	无线电真空管用作电压放大器
水下作战平台指挥系统数字化仿真模拟的设计与研究	"水下作战平台"含义不清楚,没有使用标准术语。"设计与研究"没有意义,不利于检索	潜艇指挥系统数字化仿真

3.1.5 副题名实例

副题名实例如表3-2所列。

表 3－2　副题名实例

原题名	分析	修改后的题名
一种具有非同寻常能力的新型信号发生器的设计和研制	主题名太长,“设计和研制”是多余词,“非同寻常的能力”意思模糊不清,主题内容没有完整表达出来,应该加一个副题名	主题名:用于宽带测量的信号发生器 副题名:紧凑晶体管装置提供从 0～100MHz 波段的 10V 正弦波输出技术
铸造合金的热处理	内容不具体,只陈述所做工作,并未给出获得结果	主题名:铸造合金的热处理 副题名:预热炉或盐浴在 1000℃ 产生最佳硬度和结构均匀性
主题名:奥米加远程定位监测系统 副题名:一个七站全球网络,为飞机、水面舰船和完全潜入水中的潜艇日夜提供精确定位,通信能力能够内置	该报告的副题名过长	主题名:奥米加远程定位监测系统 副题名:同时可为飞机、水面舰船和潜艇提供全天候精确定位

3.2　摘要怎么写

3.2.1　摘要的作用

摘要是一篇原始报告的缩微文献,它可以不依附于原文而独立存在,且真实地提供原文的重要信息。在科学技术飞速发展的今天,全世界每年公开发表的科技论文达几百万篇,面临科技文献浩如烟海且迅速增长的情况,读者只能通过浏览摘要来捕捉有效信息,在了解报告的研究目的、方法、重要数据、主要观点及所取得的结论后,决定是否需要阅读报告全文。因此,摘要是科技报告和其他文献的重要组成部分,摘要写得好坏直接影响论文的读者面,许多科技报告尽管其学术水平高,但由于摘要写得不好,没有被检索机构收录,失掉了许多读者,也直接影响了其对外学术交流的使用,很可能使一些很有推广价值的科技成果被埋没。

3.2.2 摘要编写原则

（1）客观性，客观直接地反映报告内容，不加任何个人的见解、解释和评论；

（2）全面性，反映报告的全部内容，并根据其重要程度进行详简不同的择摘；

（3）针对性，反映报告的新内容和需要特别强调的观点，并着重反映读者所需的信息；

（4）简明性，以最简练的语言表达丰富的内容。

3.2.3 摘要的五大要素

一般来讲，摘要主要包含五大要素：一是报告的研究目的；二是所采用的研究方法；三是取得的研究结果；四是研究结论；五是相关的启示和建议。

研究目的通常指报告研究的范围、重要性、任务和前提条件，一般表述形式是“为了什么”或“针对什么”。

研究方法是指研究工作依据的相关理论和原理，以及研究中使用的工具、手段、试验方案、程序等，并告知读者完成研究和试验所采用的方法，特别要注重报告中的创新技术。

研究结果是指取得的重要发现和最新成果，包括通过调研、实验、观察取得的数据和结果。

研究结论是指通过课题研究的结果得出的观点，包括得以证实的正确观点，也包括与前期研究不同的悖论，并且可以对重要的观点进行剖析。

相关的启示和建议是指得出的结论在实际工作中运用的意义、产生的价值、存在的问题，以及对今后研究和应用方向的展望。

国防科技报告摘要的重点内容是研究方法、结果和结论等主要技术信息。

3.2.4 编写摘要时要注意的问题

摘要不必赘述国内外与项目相关的研究背景，也不必回顾前期的主要工作和成果,而是应该将重点放在本项目的研究内容上。由于摘要是文献检索系统中的重要字段,因此摘要既要求简洁明要,又要求信息的完整性,特别是通过研究取得的重要数据不可丢失。一般来讲,编写摘要时应做到:

(1) 层次清晰。围绕报告的主要研究内容,按照目的、方法、结果、结论、启示和建议的顺序逐一展开。不必要叙述研究工作的进展,不要写成工作总结。

(2) 突出研究成果和结论。对研究目的和理论方法的叙述应该简明扼要,着重叙述取得的成果,特别是最主要的研究结果不可忽略。

(3) 报道关键数据。在试验结果和研究结论部分,要有关键数据的支撑,以体现项目研究方法的新颖性和成果的先进性。

从科技报告的文稿中,发现不少作者对编写摘要的目的意义认识不足,因此不太重视,编写摘要也不得要领。主要存在以下三个方面的问题。

(1) 提供的摘要写得过于简单,全文只有四五句话,包含的信息太少,或者只摘录报告中的部分章节,通过摘要反映不出报告的主要概貌,不符合全面性原则,起不到摘要的作用。

(2) 摘要中进行主观评论,甚至出现言过其实的评价词语,如"填补了空白""达到国际领先水平""实验取得了理想的结果"等,不符合客观性原则。

(3) 摘要写得太罗嗦,语句不简练,起不到摘要的作用,不符合针对性和简明性原则。

3.2.5 摘要实例

例1 报告题名:涡轮泵及诱导轮流动不稳定性及空化性

原摘要

本文是在国家自然科学基金重点项目"××水力机械空化特性"、国家自然科学基金项目"××离心泵进口流场畸变诱导低频频率特性"的资助下开展工作的。涡轮泵是液体火箭动力装置系统的重要组件之一,必须满足在高温、高压的苛刻环境下安全工作的需要。随着航天技术的进一步发展,涡轮泵的高效、高抗空化性及其稳定运行是火箭动力装置的关键指标。目前,在火箭发动机涡轮泵前加装诱导轮已成为保证涡轮泵获取优越空化性能的关键技术。通过在涡轮泵前加装诱导轮,主要目的是对推进剂进行加压,从而产生一定的扬程来提高涡轮泵叶轮入口压力,进而可避免涡轮泵内部发生空化破坏和产生不稳定流动现象,以提高涡轮泵的抗空化性能。因此,本文基于数值模拟和实验相结合的方法对涡轮泵及诱导轮的水力性能、空化特性及其不稳定流动特性进行了系统的研究。本文的主要工作和创新性成果:①总结了火箭发动机涡轮泵及诱导轮的国内外研究现状,包括诱导轮的类型、内部流动理论及其内部流动不稳定现象,如旋转失速、旋转颤振、喘振现象、旋转空化、不对称叶片空化、回流漩涡空化及高阶旋转不稳定现象的发生条件,以及它们相应的特性。②总结了意大利比萨航空推进公司 Alta 空化泵转子动力测试系统 CPRTF 的主要测试设备、测试功能及相关试验内容的实验步骤,如水力性能测试、空化性能试验以及压力脉动试验等。同时,也介绍了涡轮泵及诱导轮内部非定常流动与空化流动的数值模拟理论与方法。③系统地研究了预测火箭涡轮泵与诱导轮内部流动及其水力性能的方法,考虑了不同网格、边界条件、湍流模型、进出管道长度、进/出口静压读取位置以及工作介质温度对 DAPROT3 诱导轮与 VAMPIRE 涡轮泵水力性能的影响,并通过与其相应的试验数据对比。研究结果表明,DAPROT3 诱导轮性能受湍流模型、进出口管道长度、进/出口静压采集位置、叶顶间隙,以及温度的影响较大,尤其在小流量下这一影响更明显;基于较短的进出口管道与叶顶间隙较小(0.8mm)的 DAPROT3 诱导轮扬程—流量曲线明显较高于进出口管道较长且叶顶间隙较大的 DAPROT3 诱导轮扬程—流量曲线。但这些因素对 VAMPIRE 涡轮泵水力性能的计算结果影响较小。结果表明,DAPROT3 诱导轮与 VAMPIRE 涡轮泵水力性能的计算结果与其试验结果吻合较好。④针对不同温度对各工况下 VAMPIRE 涡轮泵与两种不同叶顶间隙的 DAPROT3 诱导轮的空化流动同时进行了数值模拟与实验研究……

分析:本篇摘要介绍了研究目的、研究方法、研究结果、研究结论,内容比较全面;但篇幅过长,不够简洁,超出了摘要的编写范围,有些像引言。修改如下:

修改后的摘要

本文基于数值模拟和实验相结合的方法对涡轮泵及诱导轮的水力性能、空化特性及其不稳定流动特性进行了系统的研究。本文的创新性成果有:①基于较短的进出口管道与叶顶间隙较小(0.8mm)的 DAPROT3 诱导轮扬程—流量曲线明显较高于进出口管道较长且叶顶间隙较大的 DAPROT3 诱导轮扬程。②在小流量工况下,叶顶间隙为0.8mm 的 DAPROT3 诱导轮在温度升高时其整个空化性能影响不大。③首次发现加装 DAPROT3 诱导轮对各小流量工况下 VAMPIRE 涡轮泵的扬程影响较大,VAMPIRE 涡轮泵的空化性能得到明显改善。④首次获得基于 Rayleigh - Plesset 均相流空化模型预测常温下 VAMPIRE 涡轮泵扬程下降3%以前的空化性能相对准确,且预测高温下 VAMPIRE 涡轮泵扬程下降5%相对准确的结论。⑤首次针对不同工况下 DAPROT3 诱导轮内部不稳定流动现象进行了分类研究。结果表明,在小流量工况下,DAPROT3 诱导轮中轴频及其以下的频率占主导地位。⑥针对 IS65 - 50 - 160 型低比转速离心泵内部流动不稳定现象和空化流动进行数值模拟与试验研究,得到小流量下模型泵空化性能曲线上在扬程突降前存在的一段匍匐下降区域与 $\sigma/2a$ 的关系。通过压力脉动试验发现,各小流量工况下,模型离心泵进口管道内的压力脉动主频均在48.2~51.2Hz 范围内,说明此时泵内产生了旋转空化现象。⑦综合小流量工况下,从 IS65 - 50 - 160 型离心泵与 VAMPIRE 涡轮泵内部空化流动的数值模拟试验结果发现,它们内部均出现了不稳定空化现象。

例 2　报告题名:临近空间高超声速飞行器乘波体外形设计

原摘要

根据临近空间大气特点对临近空间高超声速飞行器的乘波体外形设计进行了初步探讨。论文介绍了乘波构型的概念和生成方法,基于楔形流场进行了两种类型乘波体的外形设计,并且完成了数值模拟以及计算分析。数值模拟的结果验证了基于楔形流场型乘波外形设计方法和设计过程的可行性,为临界空间高超声速飞行器气动外形设计提供了参考。

分析:原摘要只介绍了简单的目的和意义,叙述了工作内容,没有具体的模拟结果。修改如下:

修改后的摘要

论文根据临近空间大气特点对临近空间高超声速飞行器的乘波体外形设计进行了初步探讨。介绍了乘波构型的概念和生成方法、基于楔形流场进行了两种"∧"形乘波体的外形设计,并且完成了数值模拟以及计算分析。数值模拟的结果:①两种乘波体在设计状态下,由于"∧"形横截面乘波体底面积比三角翼平面乘波体大,产生的波阻就大,故阻力系数较大;②两种乘波体在设计状态下,由于"∧"形横截面乘波体升力面比三角翼平面乘波体大,因此升力系数较大;③两种乘波体在设计状态下的升阻比 $C_L/C_D = 1/\tan\delta = 1/\tan 11.605° = 4.8694$,与 CFD 数值仿真的结果一致。从而验证了基于楔形流场"∧"形乘波外形设计方法和设计过程的可行性,为临界空间高超声速飞行器气动外形设计提供了参考。

需要指出的是,一篇报告的摘要尽可能精练,但具体的篇幅要与整篇报告的篇幅成正比。例 1 是一篇博士论文,整篇论文近 300 页,所以摘要相对较长也是可以理解的;例 2 是一篇发表在期刊上的论文,只有 5 页,所以摘要比较简短也是合理的。但是无论如何,在编写摘要时,必须具备五大要素中的前四项。

3.3 引言要告诉读者哪些信息

3.3.1 引言的作用

引言,写在报告正文之前,是报告整体的有机组成部分。它的作用是向读者初步介绍报告的主要研究内容。作者编写科技报告时,为了使内容自然切入正文,一般以引言的形式介绍报告的背景,明确所研究的问题,目前国内外研究现状及尚待解决的问题,从而引出项目选题的依据,指出作者的研究成果在学术研究中及工业生产中的地位和价值。通过上述内容的介绍,使读者将已知或者较为熟悉的信息和背景,与报告要论述和解决的问题之间建立起有机的联系和自然的桥梁,引起读者对报告的关心和兴趣,使后面的正文对读者更具有吸引力;同时,希望读者在读完引言之后,与作者站在同一个起跑线上。

3.3.2 引言的编写要求

引言要写的扼要、简洁、确切。具体的写作要求是:开门见山,直奔主题,不要过分铺垫。主要写好开展项目研究的理由和目的,使读者对报告有一个总体的了解。引言要根据研究课题的具体情况确定阐述重点,引言的篇幅长短也要与报告的研究内容多少成正比,有些比较简短的报告甚至可以不写引言。

从科技报告文稿中发现,引言编写常见问题是,引言不加选择地罗列大量前人的工作,而自己想要研究解决的问题及解决办法不明确;有的引言则重复摘要的内容,起不到介绍背景、提出问题的作用。

3.3.3 引言的主要内容

(1) 指出研究目的,并且进行必要性分析。主要包括目前存在的问题,研究工作的理由。

(2) 介绍项目背景。包括国内外相关领域现状,技术发展过程。

（3）阐述研究的依据和理论。包括前人做过的工作、取得的成绩，有哪些成熟的理论。

（4）研究方法和创新性。不必展开叙述，前人研究的具体结果不必细写，只介绍本项目的研究特点和创新性。

（5）预期的成果及其作用。注意不要把本项目得出的结果和结论放在引言。主要论述研究的意义和应用价值。

3.4 报告的内容要素有哪些

不同类型的报告，内容要素会有所区别，一般来说，报告的内容要素主要有方案论证、理论分析、设计依据、性能参数、数学计算、工艺路线、重要配方、关键技术、试验方法及评价结论（含经验、教训）、启示、意见和建议、插图、插表等。

不同种类的报告所对应的内容要素是不同的。目前，国防科技报告收集的类型主要包括12种，分别为调研报告、论证报告、评估分析报告、试验/实验报告、测试报告、研究报告、设计报告、关键技术攻关报告、研制报告、管理报告、进展报告和总结报告。经过统计，以上12种类型的报告约占国防科技报告馆藏的90%。此外，还有少量的其他类型报告，如模型样机研制报告、定型鉴定报告、批量生产报告、支撑性课题报告等，这些报告所占比例较小，在此不再赘述。

可以将这12种类型的国防科技报告分为型号研制报告和技术研究报告两大类。其中，型号研制报告包括与型号直接相关的报告，如设计报告、关键技术攻关报告、型号工艺研究报告、评估分析报告、试验/实验报告、测试报告、进展报告、研制总结报告、研制管理报告；技术研究报告一般不涉及某种具体型号，而是包含预研、技术基础等类型的报告，如调研报告、论证报告、研究报告等。

也可以按照报告的产生阶段分类：在立项阶段产生的报告主要有调研报告、论证报告、评估分析报告、研究报告；在项目过程中产生的报告主要有设计报告、关键技术攻关报告、型号工艺研究报告、试验/实验报告、测试报告、评估分析报告、进展报告、研究报告；在项目结束后产生的报告主要有项目总结报告、研制管理报告、评估分析报告等。

3.4.1 调研报告

调研报告是以研究为目的，根据项目需求，制定出切实可行的调研计划，并按计划实施调查、研究工作，实事求是地反映和分析客观事实。调研报告一般包括考察报告和情报研究报告，产生于立项过程中的预研阶段。调研报告有四个特点：一是项目调研考察的需求和目的必须十分明确；二是项目调研考察的对象要有针对性和代表性；三是客观地将调研所解决的问题回答清楚，能够对预研和立项工作起到指导作用；四是项目调研要有实效性。调研报告主要包含以下要素。

（1）调研的需求和目的（也可以作为前言的内容）；

（2）调研对象的分析和确定；

（3）调研方法；

（4）调研机构和单位的基本情况；

（5）专项技术调研详细记录和结果；

（6）调研分析；

（7）相关理论研究（可选）；

（8）对策与措施；

（9）调研评估和结论；

（10）附录（可选）。

3.4.2 论证报告

论证报告是对科研项目立项、研制方案进行分析、评价的报告。论证报告可以对项目完成后可能取得的技术成果进行预测，同时提出项目可行性的意见，为项目决策提供可靠性依据。论证报告包括项目方案论证报告和可行性论证报告，一般产生于较大项目的立项阶段。论证报告主要包含以下要素：

（1）项目需求分析；

(2) 国外技术发展趋势;

(3) 国内技术发展现状;

(4) 研制目标和水平;

(5) 项目主要内容;

(6) 相关技术标准;

(7) 关键技术成熟度和难点分析;

(8) 研究方法和途径;

(9) 成果形式;

(10) 研制基础与保障条件;

(11) 可行性分析;

(12) 经济效益和社会效益;

(13) 风险评估;

(14) 参研机构、单位和人员(可选);

(15) 项目研制周期和任务分解(可选);

(16) 经费预算(可选)。

3.4.3 评估分析报告

评估分析报告是国防科技报告中比较常见的报告类型。评估分析报告包括很多子类型,如可行性评估分析报告、质量分析报告、技术评估报告、技术验证报告、可靠性评估分析报告,以及风险评估分析报告等。这些评估分析报告都是通过对项目全方位的科学分析来评估项目的可行性,为项目研制提供科学、严谨的依据,降低项目投资的风险。评估分析报告在项目的各个阶段都会产生。

对评估分析报告的要求是全面准确、客观实际、科学合理、方法规范。评估分析报告主要包含以下要素:

(1) 评估分析的必要性(评估对象及目的);

(2) 设计和研制要求;

(3) 评估分析对象的特点和环境;

(4) 评估分析依据(研制大纲、相关技术标准、对象数据等);

(5) 可行性分析(立项阶段的评估分析报告),包括技术可行性分析和经济可行性分析;

(6) 数值数据评估(研究阶段和结题之后的评估分析报告),包括数值结果仿真评估、应用效果实际评估和实验/试验数据分析;

(7) 评估分析结论;

(8) 处理建议和改进措施;

(9) 参考文献;

(10) 附件(可选)。

3.4.4 试验/实验报告

试验/实验报告是通过试验/实验中的观察、分析、综合、判断,如实地把试验/实验的全过程和结果用文字形式记录下来的书面材料。编写试验/实验报告是项目研制过程中不可缺少的重要环节。试验/实验报告的特点是全面准确、客观公正地记录试验/实验的过程、数据和结果,不夹带试验/实验者的主观看法;试验/实验过程的描述要简明规范。

试验/实验报告是国防科技报告中较为常见的报告。实验报告和试验报告是有区别的,实验是指在实验室的条件下针模型和试样开展的实验工作;而试验是指在近似或真实的环境中,对部件、试件或整机开展的试验工作。试验/实验报告主要包含以下要素:

(1) 试验/实验的任务来源、需求和目的;

(2) 试验/实验对象的描述;

(3) 试验/实验方法和方案;

(4) 试验/实验标准;

(5) 试验/实验地点、环境和条件;

(6) 试验/实验相关设备和仪器;

(7) 试验/实验参数的选择;

(8) 试验/实验过程和情况记录;

(9) 试验/实验数据处理及分析;

(10) 试验/实验结果及评定;

(11) 试验/实验中存在的问题和建议;

(12) 试验/实验单位、人员、日期(可选);

(13) 附录(可选)。

3.4.5 测试报告

测试报告是把测试的过程和结果写成报告,测试报告基于测试中的数据采集以及对最终的测试结果分析。一份详细的测试报告应该体现产品的质量和对测试过程的客观评价。测试一般是指样品或者部件的材料性能测试、整机装配后的测试、软件程序的测试、设备的测试等。测试报告主要包含以下要素:

(1) 测试项目(内容)和目的;

(2) 测试方案;

(3) 测试对象(包括部件的型号、编号,以及样品或部件外形尺寸等);

(4) 测试方法;

(5) 测试原理;

(6) 测试地点和场地;

(7) 测试布置简图;

(8) 测试仪器设备;

(9) 测试标准和用例;

(10) 测试环境(如电磁环境、温度等);

(11) 测试步骤;

(12) 测试参数;

(13) 测试过程记录;

(14) 测试数据和结果;

(15) 测试数据和结果分析;

(16) 测试结论;

(17) 有关问题说明和建议;

(18) 测试单位、人员、日期(可选);

(19) 附录(可选)。

3.4.6 研究报告

研究报告是对研究对象和方法进行全面的阐述与论证。研究报告包括:预研报告,工艺、技术研究报告,程序说明报告,理论、方法研究报告等。预研报告一般产生于立项阶段,工艺、技术研究报告和程序说明报告一般产生于项目的研制、试验、定型、批生产阶段,理论、方法研究报告可以产生于项目的各个阶段。研究报告必须如实、完整地反映研究的客观情况,它与一般论文不同,一般论文侧重于研究的创新性和研究成果的价值,而研究报告一般侧重于具体的研究方法和研究过程。一份完整的研究报告主要包含以下要素:

(1) 研究背景;

(2) 研究目的和意义;

(3) 研究对象、范围界定;

(4) 主要研究方法;

(5) 研究步骤和实施过程;

(6) 资料分析论证;

(7) 研究结果分析;

(8) 结论;

(9) 研究的特色与价值(可选);

(10) 参考文献;

(11) 附件(项目研究过程中产生的学术论文、学位论文、图书、期刊、教材、手册、标准等科研成果)。

3.4.7 设计报告

设计报告主要包括型号产品设计报告、软件开发报告等。设计报告一般产生于项目的研发阶段。设计报告主要包含以下要素:

(1) 设计目的;

(2) 设计思路、理念;

(3) 设计要求;

(4) 设计依据、条件限制;

(5) 设计方案的选择与确定;

(6) 设计工具;

(7) 设计结构、各部分介绍;

(8) 总体流程;

(9) 设计图纸;

(10) 设计参数;

(11) 设计结果分析与验证;

(12) 实验结果与分析;

(13) 可行性、可靠性分析;

(14) 分析总结;

(15) 结论。

3.4.8 关键技术攻关报告

攻关报告是指针对某项关键技术或关键问题,集中组织有关人员协同研究、共同攻克难题过程中编写的报告。关键技术攻关报告还包括新技术新工艺新材料新设备攻关报告等。一般在项目研制阶段会产生较多的关键技术攻关报告,其他阶段也会针对某个问题集中组织技术攻关,因此也会产生关键技术攻关报告。

对关键技术攻关报告的要求是全面梳理、重点突出、内容详实、描述准确、数据真实、分析科学。关键技术攻关报告主要包含以下要素:

(1) 项目(产品)概述;

(2) 关键技术综述;

(3) 关键技术分析,如技术瓶颈问题(包括故障、失效发生的详细情况)、问题定位(可以采用故障树(FTA)的方法)和机理分析(原因的机理分析或故障的仿真再现);

(4) 解决目标;

(5) 技术难点;

(6) 实施方案;

(7) 攻克方法;

(8) 实施过程;

(9) 取得成果;

(10) 效果检验和验证;

(11) 经验总结;

(12) 结论;

(13) 附件(试验报告、专项报告等)。

3.4.9 研制报告

研制报告是军工产品研制过程中形成的技术报告,也是国防科技报告中数量最多的报告类型。型号研制报告分为型号总体研制报告、型号分系统研制报告和型号专项工艺技术研制报告。型号研制报告可以产生于项目研制结束之后,也可以产生于项目研制中的某个阶段,例如某个子项目取得了阶段性的成果时,或在突破了某项关键性技术的时间节点上,也应该及时编写项目研制报告。

型号总体研制报告和型号分系统研制报告的数量并不多,但对内容的要求非常高,一般由型号总设计师或总指挥编写。型号总体研制报告和型号分系统研制报告可能涉及多项关键技术,同时也包括综合集成、总装测试、联合调试及整车试验等要素,完整的型号总体研制报告还可能涉及软件文档、工艺文件、标准化文件、质量文件、风险管理文件、可靠性文件、维修性文件、测试性文件、保障性文件、安全性文件、环境适应性文件、电磁兼容性文件、人机工程文件等附件。

型号专项工艺技术研制报告是最常见的型号研制报告类型,如新材料、新器件、新工艺、新软件的研制报告等,占型号研制报告的98%。型号专项工艺技术研制报告主要包含以下要素:

(1) 项目研制单位、协作单位、负责人、参加人、完成日期(可选);

(2) 研制要求,按照项目合同和任务书的要求,包括研制的需求、目标、技术性能指标等;

(3) 理论分析,包括概念、基本原理、设计和计算等;

(4) 方案论证,包括研制程序、环境分析、边界条件等;

(5) 参数选择,包括参数要求、样件材料的成分等;

(6) 关键工艺,包括工艺要求、参数、过程与控制方法等;

(7) 关键设备,包括对设备的要求、通用设备型号、专用设备的设计与制造等;

(8) 试验数据及数据处理,包括试验目的、方法、标准、设备、环境、条件、参数、步骤、过程、结果和误差分析等;

(9) 测试和检验,包括目的、要求、方法、标准、仪器、环境、条件、结果及分析等;

(10) 可靠性验证,包括设计验证,计算验证,分析验证,产品试验验证等;

(11) 综合分析,包括试验和测试结果分析,试验与理论计算之间的吻合性分析,关键技术的突破与创新性分析等;

(12) 结论;

(13) 存在的问题以及对后续研制工作的建议;

(14) 附件,包括项目研制过程中产生的学术论文、学位论文、图书、期刊、教材、手册、标准等科研成果。

3.4.10 管理报告

管理报告包括技术引进报告、国际合作报告、技术改革报告、军转民成果应用报告等。管理报告是在项目管理过程中产生的报告,各种装备项目、项目的各个阶段根据管理内容不同都会产生管理报告。以技术引进报告为例,主要包含以下要素:

(1) 项目背景与现状介绍;

(2) 项目开展的目的、意义与必要性;

(3) 预期成果;

(4) 引进来源;

(5) 引进方式;

(6) 引进地应用情况,安全性;

(7) 引进项目内容,应用范围;

(8) 主要技术特点,填补哪项空白;

(9) 项目开展条件,包括经费、设备、人员、技术等;

(10) 具体实施方案;

(11) 带来的社会效益与经济效益;

(12) 存在的不足与后续措施;

(13) 结论。

3.4.11 进展报告

对于规模较大、实施时间较长的项目,除了项目完成时要有总结报告外,项目取得阶段性进展时还要编写进展报告。进展报告产生于项目实施过程中,主要包含以下要素:

(1) 项目基本情况;

(2) 计划要点及调整情况;

(3) 工作主要进展情况;

(4) 取得的阶段性成果;

(5) 下一步工作计划安排;

(6) 存在的主要问题;

(7) 风险控制措施;

(8) 结论。

3.4.12 总结报告

所有的科研项目或课题在工作完成之后都要编写总结报告。项目研制总结报告一般产生于项目收尾和项目验收之间。总结报告必须全面、准确、客观地反映项目研制的整个过程,同时突出重点工作,体现项目研制的特点和创新性。总结报告主要包含以下要素:

(1) 项目基本情况;

(2) 项目计划要点;

(3) 主要技术指标;

(4) 项目实施过程;

(5) 任务完成情况;

(6) 取得的主要成果和创新性;

(7) 存在的问题和建议;

(8) 经验总结;

(9) 结论。

3.5 "讨论"应写什么内容

"讨论"部分与报告的其他章节相比,更难以确定其所写的内容,所以通常是最难写的一节,但是它也是报告中最精彩的一节。对于同一实验结果,不同作者可以有不同的讨论内容。讨论的过程,也是作者的研究成果在理论上得到升华的过程,讨论的目的在于巩固已取得的成果,进一步论述成果的先进性和科学性,同时通过数据的比较和分析判断作者研究成果与前人的成果一致或不一致的地方,是否在前人的研究基础上有所前进,有所创新。同时讨论中还应实事求是地讨论界定成果的适用范围以免误用。但是,有部分作者在讨论中仅对实验结果进行简单重述,而展开进行讨论不够。有部分作者在讨论中,与前人的工作比较分析不够,因而作者的工作是否有所创新不明确。较为普遍的是作者在讨论中没有指出自己工作的局限性或欠缺。

3.6 "参考文献"存在什么问题

任何一项科研工作都是有继承性的,没有前人的劳动成果作基础,科技工作者就很难创造出新的科技成果。因此,参考文献是科技报告的重要组成部分,它不仅能反映科学研究的发展脉络,同时也体现作者对前人劳动成果的尊重,反映作者严肃的科学态度和研究工作的广泛依据。一方面,读者可以从参考文献中获取报告中提及而未展开的更广泛的相关资料线索;另一方面,当今的科学技术飞速发展,参考文献的新颖性往往是文章起点高低的反映,是文章水平的一个重要标志,也是反映作者是否处在学科前沿的重要方面。鉴于上述原因,世界各国对参考文献所反映出的信息深度和著录格式的规范都非常重视。

但是,从科技报告文稿中发现了不少作者对参考文献的重要性认识不足,有的甚至认为文后参考文献可有可无。“参考文献”部分存在的主要问题表现在以下方面:

(1) 不列参考文献。一些作者在文后不列参考文献,因此从报告中反映不出哪些是前人的研究成果,哪些是作者的研究成果。读者也无法查找报告中某些论点或数据出处,从而进一步地研究和探讨。也有些作者仅仅列出一些非公开发表的文献,即内部资料,这种参考文献实际是“形同虚设”,读者难以查找这类“参考文献”,起不到它应有的作用。

(2) 参考文献引用太多。有些作者在短短的几千字的报告后列了二三十篇参考文献,给人的印象是作者在重复前人的工作,冲淡了作者的成果。

(3) 参考文献陈旧。有些作者引用的参考文献比较陈旧,报告的先进性是难以让人相信的。

(4) 参考文献项目不全。这类问题比较常见。例如期刊往往缺题名、刊名、卷号、期号、出版年月中的某一两项,专著往往缺出版地、出版社,译著经常缺译者。

(5) 外文缩写不规范。这一般反映在期刊名称的缩写上。

3.7 哪些因素导致了篇幅冗长

在目前信息激增的情况下,为便于信息的快速获取,要求科技报告尽量简明、精练。但是从科技报告的文稿中发现,许多科技报告距此要求尚远,主要表现在以下几方面:

(1) 引言大而全。一般来说,引言要求言简意赅,重点突出,对于已有的知识材料不必重复,只需稍加说明。有的作者则不然,他们往往从传统观点写到近十几年的观点,引用了多篇参考文献,最后才涉及此研究的目的、方法、手段以及预期结果。

(2) 正文中介绍方法原理时,科普基础知识介绍得太多。国防科技报告是科技工作者围绕某一专题,从事科学技术研究所取得的结果的记录。它既不是普通教材,也不是科普读物,而是为了传播新知识、新技术。一些作者在编写科技报告时,为了理论的系统性和完整性,往往用不少篇幅介绍一些已知的基础知识。这不仅不必要地增加了报告的篇幅,更重要的是降低了报告研究的起点。

(3) 图多而滥。由于作者在研究过程中绘制图件花费了大量心血,对图件难以割舍,因此有的文稿留存大量这些图件。有时,作者过多地引用参考文献中的图件。

(4) 表与图重复。有些作者对实验结果已作了曲线,这样既形象直观,规律性也明显,但是作者又列了表,这是不必要的重复。

(5) "讨论"部分内容重复。正如前面讲的"讨论"应对研究进行分析和界定,以进一步论述成果的先进性和科学性。分析过程中提及图表中的一些数据是必然的,这是为说明问题、揭示其中规律的需要。但是有一些作者在讨论时又简单地用文字重新叙述图表中的所有数据,这样必然使篇幅冗长。

(6) 引用参考文献数量太多。一些作者在文后不分主次地罗列了大量参考文献,甚至个别作者还把自己并没查阅的参考文献中的"参考文献"也列出。

第4章　国防科技报告的编写格式要求和范例

《国防科技报告管理规定》明确：国防科技报告的编写执行 GB/T 7713.3—2014《科技报告编写规则》。《科技报告编写规则》对科技报告的结构、构成要素以及编写、编排格式进行了规定，以确保科技报告结构规范，段落清晰，简明易读，基本信息项完整、准确、格式统一，便于统一收集和集中管理，也便于信息系统处理和用户检索查询。

本章依据《科技报告编写规则》关于科技报告编写格式的要求，并结合国防科技报告编写系统的使用要求编撰而成。文中包括封面、辑要页、序或前言、致谢、目次、插图和附表清单、符号和缩略语说明、引言、主体、结论、建议、参考文献、附录和封底 14 个部分及其相关范例，每个范例均有简要说明。这些范例可作为报告作者和管理工作者在编写和审查科技报告时的参考。

4.1　构成与用纸

4.1.1　构成

国防科技报告由前置部分、正文部分和结尾部分三部分构成，如图 4-1 所示。其中：前置部分包括封面、辑要页、序或前言、致谢、目次、插图和附表清单、符号和缩略语说明；正文部分包括引言、主体、结论、建议和参考文献；结尾部分包括附录、封底。

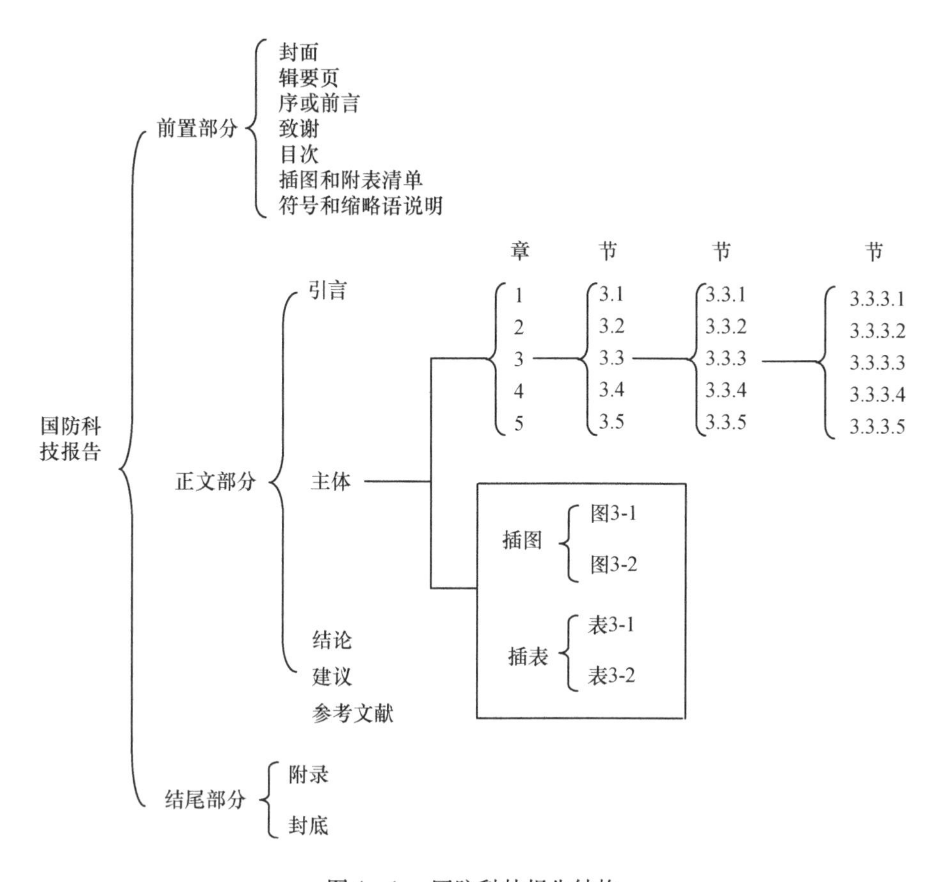

图 4－1　国防科技报告结构

4.1.2　页码

国防科技报告的页码分两部分编写，第一部分为前置部分，包括辑要页、序或前言、致谢、目次、插图和附表清单、符号和缩略语说明，用罗马数字从“Ⅰ”单独连续编码；第二部分为正文部分和结尾部分，包括引言、主体、结论、建议、参考文献、附录，用阿拉伯数字从“1”开始依次连续编码。封面不编页码，但计入总页数。页码在每页标注的位置应相同。

科技报告在一个总题名下分装成两卷（篇、册）以上，应连续编页码；当各卷（篇、册）有副题名时，则宜单独连续编页码。

国防科技报告页码编排如图 4－2 所示。

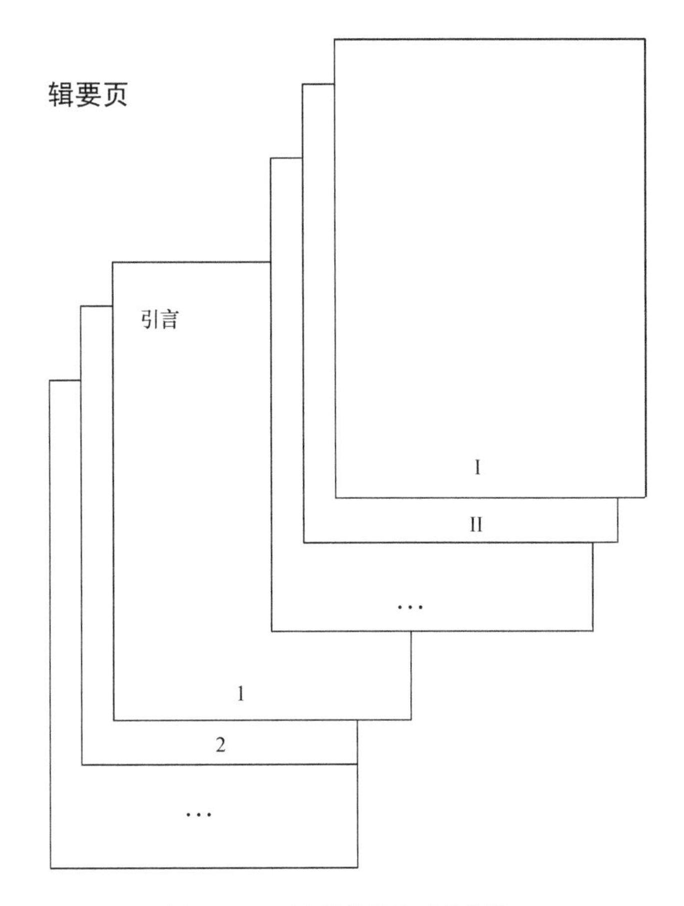

图4－2　国防科技报告页码编排

4.1.3　版面

国防科技报告版面为A4纸。

4.2　封面

4.2.1　封面格式

科技报告应有封面。封面应提供描述科技报告的主要元数据信息，包括下列项目：GF编号，密级和保密期限，知识产权标识，中文题名，中文卷（篇、册）编号，中文卷（篇、册）题名，英文题名，英文卷（篇、册）编号，英文卷（篇、册）题名，作者单位，完成日期。封面样式如图4－3所示。

（GF 编号）

（密级）★（保密期限）

（知识产权标识）

中国国防科学技术报告

中文题名

（卷篇册编号）

卷篇册题名

英文题名

（英文卷篇册编号）

英文卷篇册题名

作者单位

完成日期

图4－3　国防科技报告封面样式

4.2.2　封面主要元数据说明

1. GF 编号

GF 编号号由大写字母 GF、部门代码、单位代码、年度标识、单位年度顺序号和密级代码 6 个部分组成，前 4 项间用“－”分隔。例如，GF－部门代码－单位代码－20160001MM，表示由某部门下达项目、由某单位于 2016 年完成的、顺序号为 1 的报告，密级为秘密。

6 个部分中：“GF”为固定的国防科技报告的标识性代码，部门代码 4 位，单位代码 9 位；年度标识 4 位，是报告完成的年份，用 4 位阿拉伯数字表示；单位年度顺序号 4 位，是报告完成单位本年度完成报告的顺序号，用 4 位阿拉伯数字从“0001”开始编号；密级代码 2 位，由 2 个大写字母组成，其中公开 GK，秘密 MM，机密 JM，绝密 UM。

项目承担单位负责“年度标识＋单位年度顺序号＋密级代码”三部分的编号。

2. 密级、保密期限和知悉范围

国防科技报告的密级、保密期限和知悉范围由报告完成单位按有关保密规定确定并填写。国防科技报告按绝密、机密、秘密、公开四类进行管理。绝密报告的保密期限，一般不超过 30 年。机密科技报告的保密期限，一般不超过 20 年。秘密科技报告的保密期限一般不超过 10 年。涉密报告的标识为“★”。“★”前标密级，其后标保密期限，如机密★20 年。公开报告封面不填写密级和保密期限，应去掉“密级及保密期限”字样。

3. 知识产权标识

国防科技报告技术内容涉及已申请专利的，应当在辑要页注明专利授权号或专利申请号，并在封面的知识产权标识栏目之下进行知识产权标注，注明是授权专利或申请专利。技术内容未申请专利的科技报告封面知识产权标识为空白。

4. 中文题名、卷(篇、册)编号和卷(篇、册)题名

题名用词应反映科技报告最主要的内容,并应考虑选定关键词和编制题录、索引等二次文献所需要的实用信息,尽量避免使用不常见的缩略词、首字母缩写字,避免使用字符、公式。分卷(篇、册)编写科技报告,每卷(篇、册)宜用副题名区别特定内容,并应有编号。题名、卷(篇、册)编号及卷(篇、册)题名宜中英文对照。

报告分卷(篇、册)编写时,卷(篇、册)编号采用阿拉伯数字用圆括号括上,置于题名下一行。卷(篇、册)题名置于卷(篇、册)编号的下一行,居中书写。

5. 英文题名、英文卷(篇、册)编号和英文卷(篇、册)题名

英文题名、英文卷(篇、册)编号和英文卷(篇、册)题名置于中文卷(篇、册)题名下一行,均另起一行并居中书写。除了句首字母、专有名词和缩写词用大写之外,其余均用小写。

6. 作者单位

作者单位应标注对外公开使用的规范名称,居中书写。

7. 完成日期

完成日期是指科技报告编写完成的日期,宜遵照 YYYY - MM - DD 日期格式著录,用阿拉伯数字居中书写,准确到日,如 2016 - 03 - 10。完成日期可置于呈交发布日期之前,完成日期同时也是默认的密级制发日,保密期限从该日期起计算。

4.2.3 封面范例

1. 密级报告、已申请专利但未授权且无卷(篇、册)题名的范例

GF－JWKJ－400010128－20160001MM 秘密★10年

部分内容已申请专利

中国国防科学技术报告

国外新一代大型水面主战舰艇及核心技术研究

Research on the new generation large surface combatants of foreign countries & their core technologies

中国船舶重工集团公司第七一四研究所

2016－03－10

2. 公开报告、已申请专利且授权且有卷(篇、册)题名的范例

GF－JWKJ－400010128－20160002GK

部分内容已授权专利

中国国防科学技术报告

转变国防科技工业发展方式重大理论与实践问题研究

(第1册)

美欧军民通用计划运行管理研究

Study on the trasformation of development mode of defense S&T industry

(Vol. 1)

Opration management of Europ and US dual－used plan

中国船舶重工集团公司第七一四研究所

2016－03－10

3. 公开报告、未申请专利的范例

GF－JWKJ－400010128－20160003GK

中国国防科学技术报告

舰船复合材料技术发展及标准需求研究

Research on the development and standard requirement of marine composite material technology

中国船舶重工集团公司第七一四研究所

2016－03－10

4.3 辑要页

科技报告应有辑要页。辑要页集中描述科技报告的基本特征,提供加工、检索科技报告所需要的所有相关书目数据,包括辑要页密级、题名、作者及作者单位、报告类型、报告密级和保密期限、GF 编号、完成日期、总页数、专利授权号、专利申请号、分类号、备注、摘要、关键词、支持渠道(项目名称、项目承担单位、项目负责人、项目下达部门)、联系人姓名及电话。

辑要页中 GF 编号、题名、作者单位、完成日期的填写同封面一致。

辑要页样式如图 4-4 所示。

辑要页

辑要页密级:

<table>
<tr><td colspan="3">1. 题名</td></tr>
<tr><td colspan="3">2. 作者及作者单位</td></tr>
<tr><td>3. 报告类型</td><td colspan="2">4. 报告密级、保密期限和知悉范围</td></tr>
<tr><td>5. GF 编号</td><td>6. 完成日期</td><td>7. 总页数</td></tr>
<tr><td>8. 专利授权号</td><td>9. 专利申请号</td><td>10. 分类号</td></tr>
<tr><td colspan="3">11. 备注</td></tr>
<tr><td colspan="3">12. 摘要

关键词:</td></tr>
<tr><td rowspan="4">13. 支持渠道</td><td colspan="2">项目名称</td></tr>
<tr><td colspan="2">项目承担单位</td></tr>
<tr><td colspan="2">项目负责人</td></tr>
<tr><td colspan="2">项目下达部门</td></tr>
<tr><td colspan="2">14. 联系人姓名:</td><td>电话:</td></tr>
</table>

图 4-4 辑要页样式

1. 辑要页密级

辑要页密级可以比报告密级低一至二级。辑要页密级为秘密级以上，密级填写在辑要页框线右上角“辑要页密级”之后。辑要页密级为公开，“公开”二字不填写，辑要页框线右上角“辑要页密级”之后为空白。

2. 辑要页中的题名

辑要页中的题名只填写中文题名、中文卷(篇、册)编号和中文卷(篇、册)题名，卷(篇、册)编号加圆括号紧挨题名填写，中文卷(篇、册)题名另起一行填写。

3. 作者及作者单位

对于选定研究课题和制订研究方案、直接参加全部或主要部分研究工作并作出主要贡献，以及参加编写科技报告并能对内容负责的个人或单位，按其贡献大小排列名次。其他参与者可作为参加工作的人员列入致谢部分。如作者系单位、团体或小组，则应写明全称。作者姓名之后用圆括号注明学衔或技术职务，圆括号之后注明作者所在单位。不同作者之间用中文“，”隔开。

4. 报告类型

报告类型依据国防科技报告编写系统中所列报告类型选择填写，包括调研报告、论证报告、分析报告、试验/实验报告、测试报告、研究报告、设计报告、攻关报告、研制报告、管理报告、进展报告、总结报告等，列表中没有对应报告类型的，可以自定义填写。

5. 报告密级、保密期限和知悉范围

报告密级和保密期限填写要求同封面一致。知悉范围从国防科技报告编写系统所列选项中选择填写。

6. 总页数

总页数等于报告两部分页码之和加上封面，封底不计入总页数。

7. 专利授权号

国防科技报告技术内容中包含已授权专利信息时，在此栏目填写专利授权号，同时在封面右上角添加知识产权标识。使用国防科技报告编写系统编写报告时，如在本栏填写了专利授权号，则封面上的知识产权标识将由系统自动产生，无须再手工标注。

8. 专利申请号

国防科技报告技术内容中包含已申请但尚未授权的专利信息时，在此栏目填写专利申请号,同时在封面右上角添加知识产权标识。填写了专利申请号的国防科技报告,将以完成日期为起始日期延期提供服务,延期时限一般不超过3年。

使用国防科技报告编写系统编写报告时,如在本栏填写了专利申请号,则封面上的知识产权标识将由系统自动产生,无须再手工标注。

9. 分类号

分类号由作者依据《国防科学技术叙词表范畴表》填写。国防科技报告编写系统设计了方便的分类号选择工具,作者可以借助该工具进行填写。

10. 备注

用于提醒注意某些事项,如版权信息、撤换或处置说明、资助信息、审核签名、免责声明、报告与其他工作或成果的联系等。

11. 摘要

科技报告应有中文摘要,一般为300~600个字。摘要应简明扼要,能客观、真实地反映科技报告的重要内容和主要信息。摘要应具有独立性和自含性,即不阅读报告的全文,就能获得必要的信息。其内容一般说明相关工作的目的、方法、结果和结论等,应尽量避免采用图、表、化学结构式、非公知公用的符号和术语等。摘要的内容应在"摘要"二字的下一行,左起空两个字的位置书写。

12. 关键词

科技报告应选取3~8个关键词,每个词之间用中文逗号","隔开。关键词应在科技报告中有明确的出处,反映科技报告的研究对象、学科范围、研究方法、研究结果等,并应尽量采用《汉语主题词表》或各专业主题词表提供的规范词。

13. 支持渠道

填写产生科技报告的科研项目的基本信息,包括项目名称、项目承担单位、项目负责人、项目下达部门等信息。项目承担单位和封面中完成单位可不一致。

14. 联系人及电话

填写处理科技报告有关事宜的联系人及联系方式。联系人可以是报告作者,也可以是项目完成单位指定的其他人员。

15. 辑要页范例

1）辑要页密级为秘密级,报告不分卷(篇、册)时编写范例

辑要页

辑要页密级:秘密

<table>
<tr><td colspan="4">1. 题名:国外新一代大型水面主战舰艇及核心技术研究</td></tr>
<tr><td colspan="4">2:作者及作者单位:张思维(工程师)中国船舶重工集团公司第七一四研究所,柳正华(高级工程师)中国船舶重工集团公司第七一四研究所,于宪钊(高级工程师)中国船舶重工集团公司第七一四研究所</td></tr>
<tr><td>3. 报告类型:研究报告</td><td colspan="3">4. 报告密级和保密期限:秘密★10 年</td></tr>
<tr><td>5. GF 编号:
GF - JWKJ - 400010128 - 20160001MM</td><td colspan="2">6. 完成日期:2016 - 03 - 10</td><td>7. 总页数:101</td></tr>
<tr><td>8. 专利授权号</td><td colspan="2">9. 专利申请号:
201620100436. 2</td><td>10. 分类号:
2907</td></tr>
<tr><td colspan="4">11. 备注</td></tr>
<tr><td colspan="4">12. 摘要
报告深入研究了国外新一代大型水面主战舰艇典型型号的研制背景、主要技术特征等内容,总结了国外新一代大型水面主战舰艇的重大技术特征,深入剖析了支撑国外新一代大型水面主战舰艇重大技术特征的核心技术的发展现状、技术关键以及发展趋势,并对国外新技术的发展现状及对未来大型水面主战舰艇装备的影响进行了研究分析,最后得出了相应的结论与启示。

关键词:大型水面舰,舰船武器,装备体系</td></tr>
<tr><td rowspan="4">13. 支持渠道</td><td colspan="3">项目名称:国外新一代舰船装备及核心技术研究</td></tr>
<tr><td colspan="3">项目承担单位:中国船舶重工集团公司第七一四研究所</td></tr>
<tr><td colspan="3">项目负责人:柳正华</td></tr>
<tr><td colspan="3">项目下达部门:国防科技工业局</td></tr>
<tr><td colspan="4">14. 联系人:柳正华　　　　电话:010 - 53255111</td></tr>
</table>

2）辑要页密级为公开，报告分卷（篇、册）时编写范例

辑要页

辑要页密级：

<table>
<tr><td colspan="3">1. 题名：转变国防科技工业发展方式重大理论与实践问题研究（第 1 册）美欧军民通用计划运行管理研究强度分析</td></tr>
<tr><td colspan="3">2. 作者及作者单位：安家康（高级工程师）中国船舶重工集团公司第七一四研究所，李斌（工程师）中国船舶重工集团公司第七一四研究所，许嵩（高级工程师）中国船舶重工集团公司第七一四研究所</td></tr>
<tr><td>3. 报告类型：研究报告</td><td colspan="2">4. 报告密级和保密期限：公开</td></tr>
<tr><td>5. GF 编号：
GF－JWKJ－400010128－20160002GK</td><td>6. 完成日期：
2016－03－10</td><td>7. 总页数：303</td></tr>
<tr><td>8. 专利授权号：
CN205173468U</td><td>9. 专利申请号：
20152094568. 1</td><td>10. 分类号 2907</td></tr>
<tr><td colspan="3">11. 备注</td></tr>
<tr><td colspan="3">12. 摘要
美欧军民通用计划所关注和支持的领域一般分布在核能、航天、航空等前沿技术以及基础性研究领域，所支持的技术具有军用、民用双重属性。本课题重点研究目前正在实施的美国纳米技术计划、美国国防部制造技术项目战略计划、美国航天计划、欧盟第七框架计划、欧洲伽利略计划、英国技术预见计划、法国重大技术计划和德国高技术战略计划，在详细研究这些计划的提出背景、主要内容、运行方式、投资构成、管理模式、支持政策、实施效果等方面的基础上，归纳了美欧主要军民通用计划运行管理特点，总结了美欧军民通用计划运行与管理的相关经验及经验教训，提出了相关启示与建议。当前正值我国经济发展转型升级的关键时期，课题成果可为我国开展相关工作提供借鉴。
关键词：军民通用计划，运行管理，美欧国防科技</td></tr>
<tr><td rowspan="4">13. 支持渠道</td><td colspan="2">项目名称：转变国防科技工业发展方式重大理论与实践问题研究</td></tr>
<tr><td colspan="2">项目承担单位：中国船舶重工各集团公司第七一四研究所</td></tr>
<tr><td colspan="2">项目负责人：梁栋国</td></tr>
<tr><td colspan="2">项目下达部门：国防科技工业局</td></tr>
<tr><td colspan="3">14. 联系人：安家康　　　　　电话：010－53255283</td></tr>
</table>

4.4 序或前言

序或前言一般是作者或他人对报告基本特征的简介，如说明研究工作缘起、背景、主旨、目的、意义、编写体例，以及资助、支持、协作经过等。这些内容也可在正文部分引言中说明。

序或前言宜另起一页，置于辑要页之后。

4.5 致谢

对相关工作的开展或科技报告的编写等给予帮助的组织和个人宜致谢，包括：

(1) 资助研究工作的管理部门、合同单位、资助或支持的企业或组织；

(2) 协助完成研究工作和提供便利条件的组织和个人；

(3) 在研究工作中提出建议和提供帮助的人；

(4) 给予转载和引用权的资料、图片、文献、研究思想和设想的所有者；

(5) 其他应感谢的组织和个人。

4.6 目次

目次内容包括引言，报告主体部分中章、节的编号及其标题（列至二或三级标题），结论，建议，参考文献，附录的编号及其标题。若目次列出了某一层级的章节，则应列出该层级所有章节的编号、标题和页码。科技报告分卷（篇、册）编写时，最后一卷（篇、册）应列出全部科技报告的目次，其余卷（篇、册）可只列出本卷（篇、册）的目次，并宜列出其他各卷（册、篇）的题名。目次内容需自动索引生成，左起顶格依序排列，编号与标题之间空一个字符间隔、无任何符号，标题与所在页面的页码之间用符号“…”与页码连接，页码不加括号，靠右顶格排齐。范例如下：

目次

4.6.1 报告正文分篇编写时目次页的编写形式

报告正文分篇编写时,篇的编号和标题在目次页中占一行居中书写,不标页码。范例(见阴影部分)如下:

目次

第1篇 液体发射药火炮技术发展的分析

第2篇 RLPG 再生喷射过程的最优控制

第3篇 合理设计再生喷射结构抑制压力振荡

4.6.2 报告分卷(篇、册)编写时目次页的编写形式

1. 各卷(篇、册)报告同时出齐时目次页的编写形式

报告分卷(篇、册)编写时,如果各卷(篇、册)同时出齐,那么每一卷(篇、册)的目次页中均应列出全部报告的目次。范例如下:

目次

第1册

第2册

第3册

2. 各卷(篇、册)报告不是同时出版且后续出版的报告目次不能确定时目次页的编写形式

报告分卷(篇、册)编写时,如果各卷(篇、册)不是同时出版,且后续出版的报告的目次不能确定,那么拟出版报告的目次页中应列出本卷(篇、册)报告的目次和已出各卷(篇、册)报告的目次,后续出版的报告的目次可不列出。

出版第2册报告时,如果第3册报告的目次不能确定,第2册报告目次页的编写形式范例如下:

目次

第1册

第2册

4.7 插图和附表清单

插图和附表较多时,应分别列出插图清单和附表清单。插图清单在前,列出图序、图题和页码。附表清单在后,列出表序、表题和页码。插图和附表清单需自动索引生成,内容左起顶格书写,图序(表序)与图题(表题)间空一个字符,图题(表题)与该插图(附表)所在页的页码之间用符号"…"与页码连接,页码不加括号,靠右顶格排齐。如报告中无插图和附表或插图和附表很少时,则不设插图和附表清单页。插图和附表清单需另起一页,置于目次之后。范例如下:

插图和附表清单

4.7.1 插图和附表清单中只列出插图清单的编写形式

报告中如插图较多,但无附表或附表很少时,则插图和附表清单中只列出插图清单。同时“插图和附表清单”标识保持不变。范例如下:

插图和附表清单

4.7.2 插图和附表清单中只列出附表清单的编写形式

报告中如附表较多,但无插图或插图很少时,则插图和附表清单中只列出附表清单。同时“插图和附表清单”标识保持不变。范例如下:

插图和附表清单

4.8 符号和缩略语说明

1. 说明

(1) 报告中如符号、标志、缩略语、首字母缩写、计量单位、名词、术语等的注释说明较多时,可以汇集成表,置于报告的插图和附表清单页之后,宜另起一页编写。

(2) 所有符号、标志、缩略语、首字母缩写、计量单位、名词、术语等均左起顶格书写。注释说明以最长的符号或缩略语为基准,空两个字位置上下靠左对齐。

(3) 报告中若没有符号和缩略语,则不设符号和缩略语说明页;若符号和缩略语较少或为读者所共知无须使用符号和缩略语说明,也可不设符号和缩略语说明页。

2. 范例

符号和缩略语说明

★	涉密、涉限国防科技报告的标志
GF	中国国防科学技术报告的标志
GJB	国家军用标准的标志
AAAW	Antiaircraft Automatic Weapon 对空自动武器
AAGW	Air - to - Air Guided Weapon 空空导弹
AAH	Anti - armor Helicopter 反装甲直升机
BDH	Bearing Distance Heading 方位,距离与航向
HVG	High - Velocity Gun 高速炮
HVGL	High Velocity Grenade Launcher 高速榴弹发射器
$N \cdot m^2/kg^2$	引力常数单位,牛[顿]二次方米每二次方千克
主用弹	用以杀伤有生力量,摧毁目标或兼有这两项作用,供主要战斗用途使用的弹种
减装药	按一定要求降低了全变装药初速的发射装药

4.9 引言

引言部分应简要说明相关工作的背景、意义、范围、对象、目的、相关领域的前人工作情况、理论基础、研究设想、方法、预期结果等;同时,可指明报告的读者对象。但不应重述或解释摘要,不对理论、方法、结果进行详细描述,不涉及发现、结论和建议。

4.9.1 引言单列时的编写形式

引言单列时,“引言”二字占一行,左起顶格书写。引言的内容另起一段,首行左起空两个字位置编写。范例(见阴影部分)如下:

> **引言**
>
> 砷化镓微波功率场效应晶体管(FET)是应用在微波通信、相控阵雷达和电子对抗等系统中的关键器件。近年来,工艺设备不断改进,工艺技术不断提高,促进了微波功率FET研制的飞速前进。其中影响最深刻的是异质结构的引入,从根本上改变了原有的离子注入或外延同质结功率FET,使得器件的微波性能产生了飞跃。我所从事GaAs微波功率FET研制多年,采用离子注入工艺技术研制的栅宽为9.6mm GaAs功率FET,对四个管芯进行内匹配和功率合成,在C波段输出功率达到18W,功率增益7~8dB,功率附加效率28%。但在异质结FET的研制方面起步较晚,进行本项目研究,就是要加快我所在大栅宽异质结功率FET方面的研制进展,同时提高我所研制的GaAs微波功率FET的性能水平,增强产品的竞争力。

4.9.2 引言不单列时的编写形式

篇幅短的报告可不单列引言,但应在正文的开头部分用一小段叙述性文字起引言作用,首行左起空两个字编写。范例(见阴影部分)如下:

在区电—综合雷达对抗系统、052－726电子战以及宽带反辐射导引头等系统中，对超宽带中功率微波部件提出了迫切要求，运用我所的技术条件和工艺条件，我们研制成功了2～20GHz超宽带中功率放大器。该放大器的研制成功满足了这些工程的需要。

1 任务来源及研究工作

1.1 任务来源

该项目由电科院下达，合同号为8.3.5.4。

4.10　主体部分

主体部分是科技报告的核心部分，应完整描述相关工作的基本理论、研究假设、研究方法、试（实）验方法、研究过程等，应对使用到的关键装置、仪表仪器、材料原料等进行描述和说明。本领域的专业读者依据这些描述应能重复调查研究过程、评议研究结果。

主体部分应陈述相关工作的结果，对结果的准确性、意义等进行讨论，并应提供必要的图、表、实验及观察数据等信息。不影响理解正文的计算和数学推导过程、实验过程、设备说明、图、表、数据等辅助性细节信息可放入附录。

主体部分可分为若干层级进行论述，涉及的历史回顾、文献综述、理论分析、研究方法、结果和讨论等内容宜独立成章。

4.10.1　主体内容层次

1. 主体内容不设篇的编写形式

1）说明

（1）主体应按其内容分成若干层次进行叙述。层次的划分一般不超过四个，第一层次为章，其编号自始至终连续，以下层次统称为节，其编号只在所属章、节的范围内连续。当报告结构复杂，四个层次不敷使用时，可将层次再细划分,其编号方法依次类推。层次的编号采用阿拉伯数字,层次之间加圆点,圆点加在数字的右下角。

(2)"章"应有标题,"节"是否设标题根据情况确定。"章""节"有标题时,在编号后空一个字的位置再写标题,另起一行空两个字的位置写具体内容。"节"没有标题时,则在编号之后空一个字的位置写具体内容。

(3)具体内容前不加编号时,其每段的第一行均左起空两个字的位置书写,以下自第二行起,各行均顶格书写。

2. 范例(见阴影部分)

2 理论分析和设计依据

2.1 理论分析

T/R 组件是一个时分工作系统,典型的脉冲雷达方式……

2.2 设计依据

根据预研课题研究工作的思路,查阅大量国内外固态相控阵雷达和 T/R 组件的研究料……

2.3 采用的工艺

壳体的机加工为传统的机械工艺……

3 解决的关键技术

总体设计技术,能在小于 13mm × 8mm × 50mm 的尺寸内设计出质量小于 25g、发射脉冲功率大于 5W、接收噪声参数小于 2.6dB 的全微波功能 T/R 组件……

3. 主体内容设篇的编写形式

如果章数太多,为了层次清晰,可以组合若干章为一篇,分篇编写。设篇时,篇的编号用阿拉伯数字,如"第 1 篇""第 2 篇"等,每篇一般应有标题,写在编号之后,之间空一个字的位置。编号和标题单列一行,位置居中,每篇另起一页编写,页码顺延。范例如下:

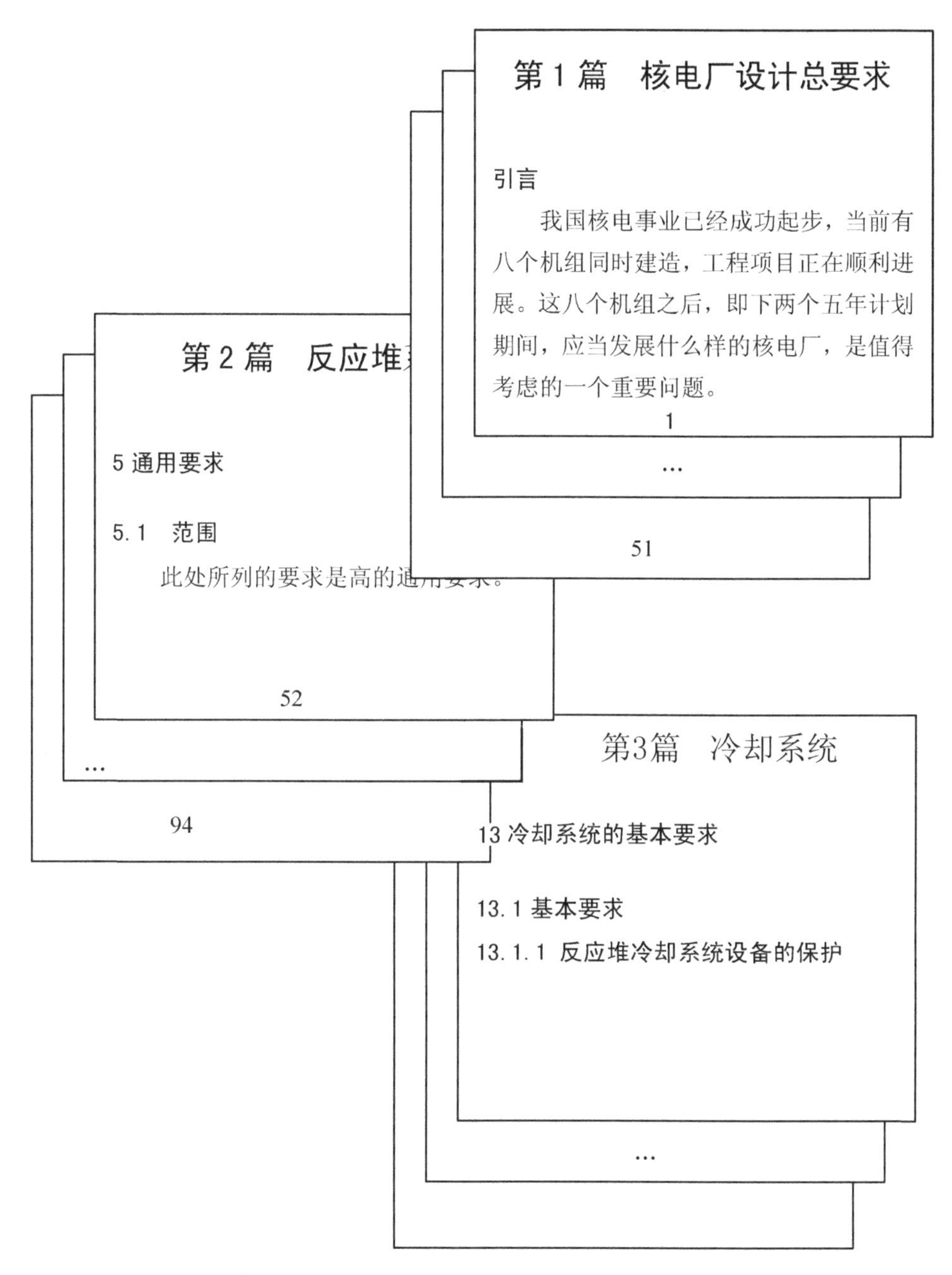

4. 正文中含有并列叙述条文且有标题的编写形式

并列叙述条文的标题应用小写的拉丁字母(右下角加圆点)a. ,b. ,c. ,……,顺序表示,左起空两个字的位置开始编写,在 a. ,b. ,c. ,……,之后空一个字符的位置再写标题内容;条文具体内容的首行,应在标题下一行空两个字位置开始编写。范例(见阴影部分)如下:

2.2 设计依据

要在 C 波段实现 10W 的功率输出，根据参考文献报道的 HFET 单位毫米栅宽输出功率密度，选取总栅宽为 18mm。

a. 选取单指栅宽

信号沿栅指传输会产生损耗和相位差异，但太小的单指栅宽必然会增加并联栅指数数目，从而增大芯片长度。本课题选择单栅宽为 125μm。

b. 选取栅—栅间距 L_{g-g}

从器件热特性来看，L_{g-g}越大越好，但过大的 L_{g-g}将使器件横向尺寸增加，所以 L_{g-g}必须折中考虑。本课题选取 $L_{g-g}=16\mu m$。

c. 栅源、栅漏间距的选取

为有效降低源串联电阻，同时兼顾到工艺的重复性，选取栅源间距为 2.2μm，栅漏间距为 3.5μm，栅长为 0.8μm。

5. 正文中含有并列叙述条文且不设标题的编写形式

并列叙述条文应用小写的拉丁字母（右下角加圆点）a.，b.，c.，……，顺序表示，左起空两个字的位置开始编写，在 a.，b.，c.，……，之后空一个字符的位置再写具体内容。范例（见阴影部分）如下：

5 解决的关键技术

a. 在片测试提取器件非线性模型。

b. 超宽带功率放大器的 CAD 设计技术。

c. 高均匀性、一致性的背面通孔技术。

4.10.2 公式

1. 公式的位置和编号

1）说明

（1）公式应另起一行居中书写，编号采用阿拉伯数字依序连续编号，置于圆括号内。可以按出现先后顺序连续编号，如（1）、（2）等；也可以分章或篇依序分别连续编号,即前一数字为章、篇的编号,后一数字为本章、篇内的顺序号,两数字间用半字线连接,如(2-1)、(2-2)等。公式编号前不写“式”字,公式与编号之间可用符号“…”连接。全文编号方式应一致。

(2) 对单行公式,编号置于公式居右顶格;对较长且需转行的公式,编号置于公式末行居右顶格;对方程组,编号置于中间一个公式行末居右顶格。

(3) 较长的公式必须转行时,只能在加(+)、减(-)、乘(×)、除(÷)等运算符号处断开,上下行尽可能在等号处对齐。

(4) 化学式太长无法在一行内显示,在箭头后将其截断。换行后的第一个分子式与上一行最后一个分子式对齐。

(5) 如正文中书写分数,应尽量将其高度降低为一行。例如将分数线书写成“/”,或将根号改为负指数。

2. 范例

单行公式的编写形式范例:

$$f=\frac{1}{2\pi\sqrt{LC}} \tag{2-1}$$

较长且需转行的公式的编写形式范例:

$$\begin{aligned}F(x) = P(x) + \int_{-b}^{0} f(x)\,\mathrm{d}x &+ \\ \int_{0}^{b} g(x)\,\mathrm{d}x - \int_{b}^{\infty} h(x)\,\mathrm{d}x &= 0\end{aligned} \tag{3-1}$$

方程组的编写形式范例:

$$\begin{cases}\rho_{i1}=2\rho_{i2}-\rho_{i3}\\ U_{i1}=U_{i2}=(y_{\eta}u-x_{\eta}v)_{i2}\\ V_{i1}=-V_{i2}=(y_{\xi}u-x_{\xi}v)_{i2}\\ (\rho h)_{i1}=(\rho h)_{i2}\end{cases},\rho_{i1}=\rho_{i2} \tag{3-2}$$

化学公式编写形式范例:

$$Co(NH_3)_6^{3+}+6H_3O^{+}\rightleftharpoons Co(H_2O)_6^{3+}+6NH_4^{+},\ K_c\approx 10^{20} \tag{4-1}$$

3. 公式的物理量符号、量纲符号

1）说明

（1）公式中的物理量符号用斜体，量纲符号用正体。

（2）公式中符号的意义和计量单位除非已在符号与缩略语说明中列出，否则应注释在公式的下面。每条注释均应另行书写，并与第一个注释对齐。

4. 范例（见阴影部分）

$$f = \frac{1}{2\pi\sqrt{LC}} \tag{2-1}$$

式中 f——频率，Hz；

L——电感量，H；

C——电容量，pF。

4.10.3 插表

1. 插表的位置、编号

1）说明

（1）插表紧置于首次引用该表的文字之后，与之相呼应。插表应具有自明性和可读性。

（2）插表应有编号，采用阿拉伯数字依序连续编号。可以按出现先后顺序连续编号，如表 1、表 2 等；也可以分章或篇依序分别连续编号，即前一数字为章、篇的编号，后一数字为本章、篇内的顺序号，两数字间用半字线连接，如表 2－1、表 2－2 等。全文编号方式应一致。

（3）插表宜有表题，置于表的编号之后，编号和表题间空一个字符，置于表上方居中位置。如表转页接排，在随后的各页上应注明“续表×”并注明表题，续表需重复表头。

（4）插表中的数值，上、下行的小数点或数位应对齐。没有内容的栏目，以一字线“—”表示。

2）范例

表1－1　局域网与模拟广域网传输延迟测定结果　　单位：ms

测量对象	组数	最大延迟	最小延迟	均值	均方差
局域网点对点	500	1.9	1.3	1.57844	0.121235
模拟广域网点对点	500	40.1	12.2	26.37199	8.468429

2. 插表中的计量单位的编写形式

1）插表中各栏参数的计量单位相同时计量单位的编写形式

插表中各栏参数的计量单位相同时，应将计量单位写在表的右上角。范例（见阴影部分）如下：

表1－2　混合气体的平均温度T　　单位：mK

n / T_g	0.8	0.9	1.0	1.1
773	557.4	543.3	530.5	519.0
923	640.8	622.2	605.5	590.4
973	668.6	648.5	630.5	614.2

2）插表中各栏参数的计量单位不同时计量单位的编写形式

插表中各栏参数的计量单位不同时，应将计量单位分别写在各栏参数名称的下方。范例（见阴影部分）如下：

表1－3　弧高值试验数据

<table>
<tr><th>编号</th><th>气压/MPa</th><th>速度/(m·min⁻¹)</th><th>弧高值/mm</th></tr>
<tr><td>1</td><td rowspan="3">0.2</td><td>2</td><td>0.143</td></tr>
<tr><td>2</td><td>3</td><td>0.129</td></tr>
<tr><td>3</td><td>4</td><td>0.766</td></tr>
<tr><td>4</td><td rowspan="2">0.3</td><td>2</td><td>0.251</td></tr>
<tr><td>5</td><td>3</td><td>0.1651</td></tr>
</table>

3）插表中相邻栏参数的计量单位相同时计量单位的编写形式

插表中若相邻栏参数采用相同的计量单位时，可合并写在它们共同的计量单位栏内。范例（见阴影部分）如下：

表 1－4　No. 3 轴承及石墨环滑油分配随转速变化关系

转速/(r · min^{-1})	P/MPa	T/℃	Q_1	Q_2	试验工况
			/(L · min^{-1})		
3000	0.210	65.0	5.92	3.04	甩油环孔数
4000	0.235	60.6	5.98	3.04	
5000	0.220	60.6	6.05	3.01	
7000	0.215	60.1	6.08	2.81	
15613	0.210	65.0	6.57	1.90	

4）插表中大多数的计量单位相同时计量单位的编写形式

插表中大多数的计量单位相同时，可将该计量单位写在插表的右上角，其余的少数计量单位写在有关栏内。范例（见阴影部分）如下：

表 1－5　不同压力下试验件喷嘴流量实测值　单位：L/min

压力/MPa	油泵供油量		双喷嘴	温度/℃
	计算值	实测值		
0.30	15.70	14.80	10.00	68
0.35	19.67	18.23	10.39	69

3. 插表中相邻的同类参数数值的编写形式

1）插表中相邻的同类参数数值不同时数值的编写形式

插表中相邻的同类参数的数值不同时，分别将其填写在与其相对应的各栏中。范例（见阴影部分）如下：

表 1－6　Z9 桨叶剖面扭转刚度计算结果

剖面 /m^2	计算值	结果	绝对误差
	/(N · m^{-2})		
3.890	31858.52	32500.00	642.48
3.040	35466.46	35320.00	146.46
2.940	35342.53	34660.00	682.53
2.700	35342.53	34660.00	
2.470	35342.53	35250.00	186.06
2.460	35436.06	35250.00	193.97
2.420	35443.97	35750.00	450.40

2）插表中相邻的同类参数数值相同时数值的编写形式

插表中相邻的同类参数的数值相同时，无须逐项填写，可合并单元格，

通栏填写。范例(见阴影部分)如下:

表1-7 反共振频率下的质量配置对比

配置	共振块质量/kg			反共振频率/Hz		
	试验	计算	相对误差/%	试验	计算	相对误差/%
增加50g	2.63	2.65	0.81	23.86	23.84	0.08
设计值	2.58	2.60		24.03	24.03	0.00
减少50g	2.53	2.55		24.14	24.24	0.41

4. 特殊插表的编写形式

1) 插表横向狭长的编写形式

插表横向狭长,版面不够时,可将插表分上、下两段,用细双线接排在同一页内。范例(见阴影部分)如下:

表1-8 单个限动块的测试刚度值 单位:N/mm

序号	1	2	3	4	5	6	7	8	9
刚度	209.25	268.75	327.25	228.75	277.75	285.25	242.25	239.75	300.75
序号	10	11	12	13	14	15	16	17	18
刚度	263.00	293.00	293.80	260.15	323.85	291.85	327.00	293.00	224.00

2) 插表纵向狭长的编写形式

插表纵向狭长,版面不够时,可将表格分左、右两段,用细双线接排在一页内。范例(见阴影部分)如下:

表1-9 不同压力下积算仪与实测法测量结果

压力/MPa	流量/(L·min^{-1})		压力/MPa	流量/(L·min^{-1})	
0.050	计算值	4.56	0.300	计算值	15.73
	积算仪读数	3.90		积算仪读数	10.20
	实测法	3.82		实测法	9.76
0.100	计算值	7.71	0.360	计算值	19.67
	积算仪读数	5.40		积算仪读数	10.20
	实测法	5.42		实测法	10.22
0.200	计算值	11.72	0.395	计算值	29.89
	积算仪读数	8.40		积算仪读数	11.10
	实测法	8.06		实测法	10.45

3）续表的编写形式

如果插表因本页版面所限未排完而转下页续排时，则应将本页编排的插表下部的一个横栏排完后，用细实线闭合，下页续排插表的上部用粗实线闭合并在续表上方居中位置写明“续表×”并注明表题。范例（见阴影部分）如下：

表1－10　各试验情况的红外辐射强度　　单位：W/sr

序号	试验情况/℃		圆形	矩形	单边波瓣	双边波瓣带混合管
1	壁＋气流	305	1.27	1.60	0.61	0.21
		522	7.49	8.21	3.36	0.54
2	气流Ⅰ	305	0.12	0.04	—	—
		522	0.84	0.51	0.37	0.21
3	气流Ⅱ	305	0.016	0.020	—	—
		522	0.117	0.089	0.097	0.083
4	气流Ⅲ	305	0.012	0.012	—	—
		522	0.057	0.057	0.069	0.071
5	气流Ⅰ＋Ⅱ＋Ⅲ	305	0.148	0.072	—	—
		522	1.01	0.66	0.54	0.36
		温度指数 n	6.02	6.95	—	—
6	壁（1～5）	305	1.15	1.56	—	—
		522	6.65	7.70	2.99	0.33
7	壁/总（6/7）	305	0.89	0.96	—	—
		522	0.87	0.92	0.85	0.48

4）插表太宽的编写形式

当插表太宽且不宜分两段编排时，可以逆时针方向旋转90°放置。范例如下：

表1－11　四种飞行状态驾驶员模型参数和驾驶员评价等级比较

直升机类别	飞行状态	试验结果	K_p	T_2	驾驶员等级 A
Z－8 12500kg $V=163$km/h $H=1450$m 纵向脉冲试验	正常速度变化 $\omega_c=0.35$rad/s	$y_{md}=-0.0781(1+0.35/s)$	1.0322	－2.39	1

（续）

<table>
<tr><th>直升机类别</th><th colspan="2">飞行状态</th><th>试验结果</th><th>K_p</th><th>T_2</th><th>驾驶员等级 A</th></tr>
<tr><td rowspan="2">Z－8
12500kg
$V=163$km/h
$H=1450$m
纵向脉冲试验</td><td colspan="2">贴地突防和迅速停止动作 $\omega_c=0.25$rad/s</td><td>$y_{md}=-1.3938-0.5375s$</td><td>－1.143</td><td>0.9</td><td>6.2</td></tr>
<tr><td colspan="2">跨越300m土丘地形跟踪时 $\omega_c=0.9493$rad/s</td><td>$y_{md}=-0.6825-0.7218s$</td><td>－0.9432</td><td>0.57</td><td>5.2</td></tr>
<tr><td rowspan="4">Z－8
11000kg
$V=173$km/h
$H=1164$m
变总距拉起</td><td colspan="2">正常速度变化 $\omega_c=0.35$rad/s</td><td>$y_{md}=-0.0193(1+0.35/s)$</td><td>1.0822</td><td>－2.26</td><td>1</td></tr>
<tr><td colspan="2">贴地突防和迅速停止动作 $\omega_c=0.25$rad/s</td><td>$y_{md}=-0.345-0.138s$</td><td>－0.2553</td><td>1.11</td><td>6.8</td></tr>
<tr><td rowspan="2">跨越300m土丘地形跟踪时 $\omega_c=0.9493$rad/s</td><td>使用纵向操纵导数</td><td>$y_{md}=-0.361-0.357s$</td><td>－0.4744</td><td>0.61</td><td>5.3</td></tr>
<tr><td>使用总距操纵导数</td><td>$y_{md}=-0.872+0.862s$</td><td>1.46</td><td>0.61</td><td>5.3</td></tr>
</table>

4.10.4 插图

插图包括曲线图、构造图、示意图、框图、流程图、记录图、地图、照片等。插图应具有自明性和可读性。图应能够被完整而清晰地复制或扫描。

1. 插图的位置、编号

1）说明

（1）插图宜紧置于首次引用该图的文字之后，与之相呼应。

（2）插图应有编号，采用阿拉伯数字依序连续编号。可以按出现先后顺序连续编号，如图1、图2等；也可以分章或篇依序分别连续编号，即前一数字为章、篇的编号，后一数字为本章、篇内的顺序号，两数字间用半字线连接，如图2－1、图2－2等。全文编号方式应一致。

（3）插图宜有图题，置于图的编号之后，编号和图题间空一个字符，置于图下方居中位置。宜将图上的符号、标记、代码，以及实验条件等，用最简练的文字作为图注附于图下，置于图题之上。

(4) 图应尽可能显示在同一页,如图太宽,则可逆时针旋转90°放置。当图页面积太大时,可分别配置在两页上,次页上应注明“序图×”,并注明图题。

2. 范例

由微机械加工技术制造的硅微传感器一问世,在科技界就引起了轰动效应,尤其是硅谐振式微传感器的性能明显优于硅压阻式和硅电容式传感器。我们研制的硅谐振梁式压力传感器原理结构如图1-1所示。

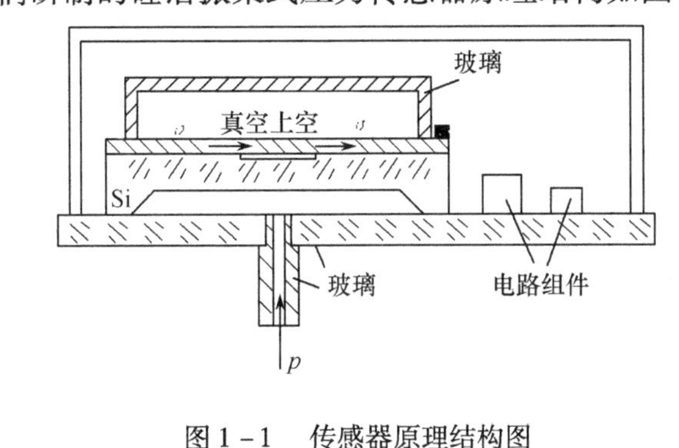

图1-1 传感器原理结构图

3. 曲线图的编写形式

1) 曲线图内不应有太多空白的编写形式

曲线图内不应有过多空白,图中一般只标注报告所涉及的尺寸或符号。范例如下:

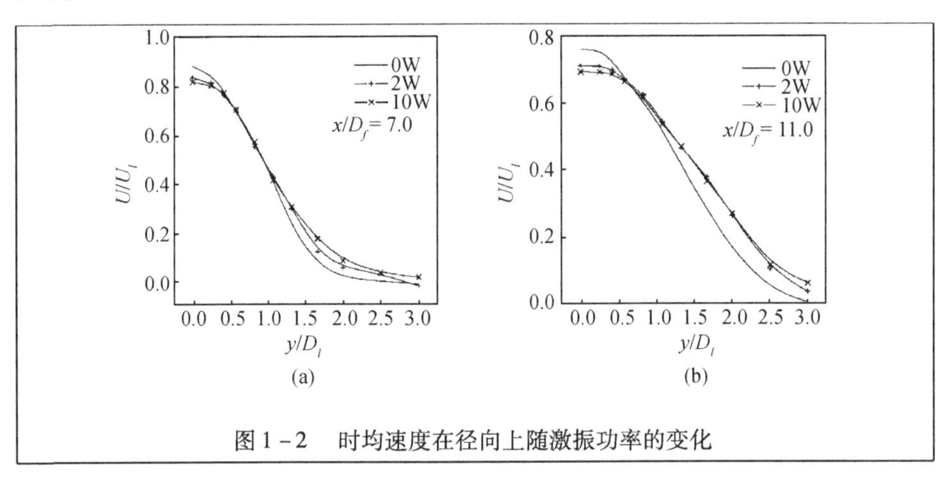

图1-2 时均速度在径向上随激振功率的变化

2) 曲线图中有确定的函数式的编写形式

曲线图中有确定的函数式时,可在图中适当位置写出。范例如下:

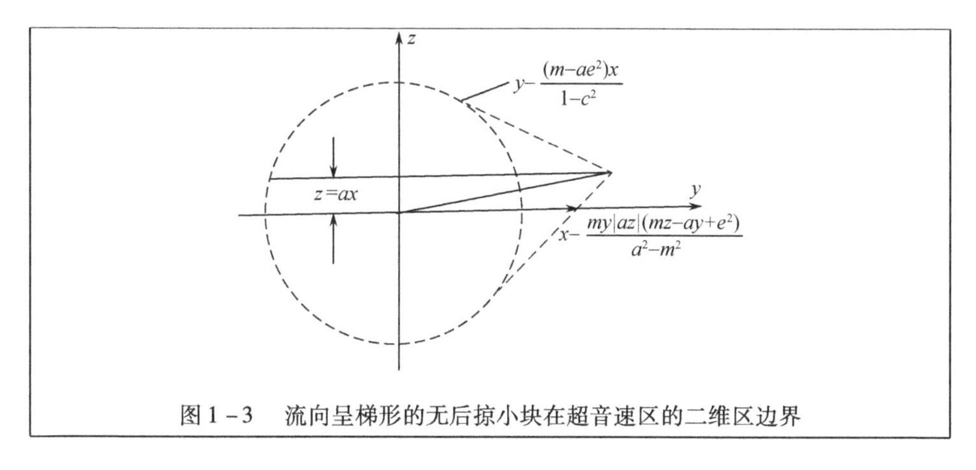

图 1－3　流向呈梯形的无后掠小块在超音速区的二维区边界

4. 机电设备装配图中编号排序及相应图注的编写形式

1）机电设备装配图中的各组成部分按逆时针方向编号的编写形式

机电设备装配图中的各组成部分可按逆时针方向用阿拉伯数字顺序编号。各组成部分的名称作为图注写在图序和图题的上面一行居中位置。图注的编号与图注之间空一个字位置。各图注间用分号隔开。范例如下：

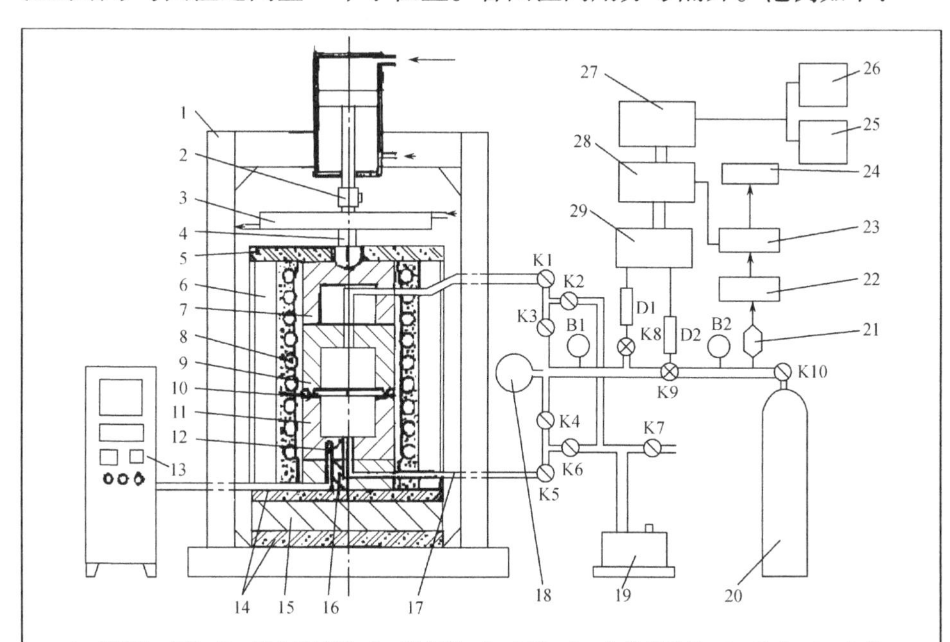

1—油压缸支架；2—压力传感器；3—冷却盘；4—压头；5—电炉保温盖；6—炉芯；7—上模；8—电阻丝；9—不锈钢电炉外壳；10—毛料；11—下模；12—单片机可编程控温仪；13—热电偶；14—隔热垫板；15—SIC 板；16—SIC 板；17—气管路；18—蓄压气；19—真空泵；20—氩气瓶；21—压力传感器；22—放大器；23—应变器；24—数字显示器；25—打印机；26—X－Y 记录仪；27—微机(486)；28—数据采集板；29—控制器；K1～K10—气阀；B1、B2—压力表；D1、D2—步进电机

图 2－1　钣料超塑性胀形可视化控制系统

2）机电设备装配图中的各组成部分按水平方向编号的编写形式

机电设备装配图中的各组成部分可按水平方向用阿拉伯数字顺序编号。各组成部分的名称作为图注写在图序和图题的上面一行居中位置。图注的编号与图注之间空一个字的位置。各图注间用分号隔开。范例如下：

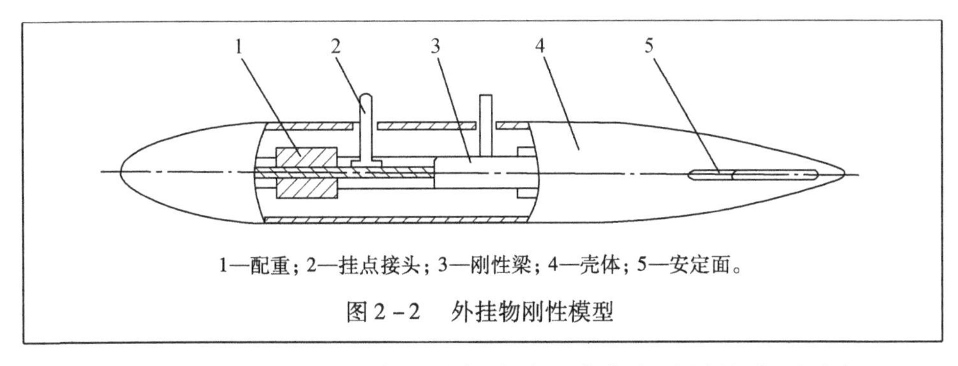

1—配重；2—挂点接头；3—刚性梁；4—壳体；5—安定面。

图 2－2　外挂物刚性模型

3）机电设备装配图中的各组成部分按垂直方向编号的编写形式

机电设备装配图中的各组成部分可按垂直方向用阿拉伯数字顺序编号。各组成部分的名称作为图注写在图序和图题的上面一行居中位置。图注的编号与图注之间空一个字位置。各图注间用分号隔开。范例如下：

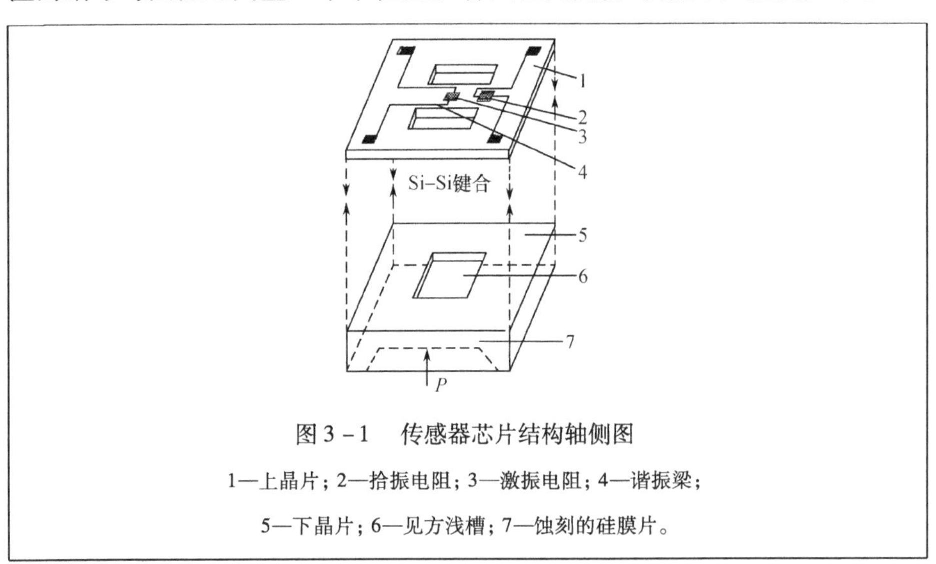

图 3－1　传感器芯片结构轴侧图

1—上晶片；2—拾振电阻；3—激振电阻；4—谐振梁；

5—下晶片；6—见方浅槽；7—蚀刻的硅膜片。

5. 宽图的编写形式

1）宽图逆时针旋转 90°放置的编写形式

当图太宽横向放置幅面不够时，可逆时针旋转 90°放置。范例如下：

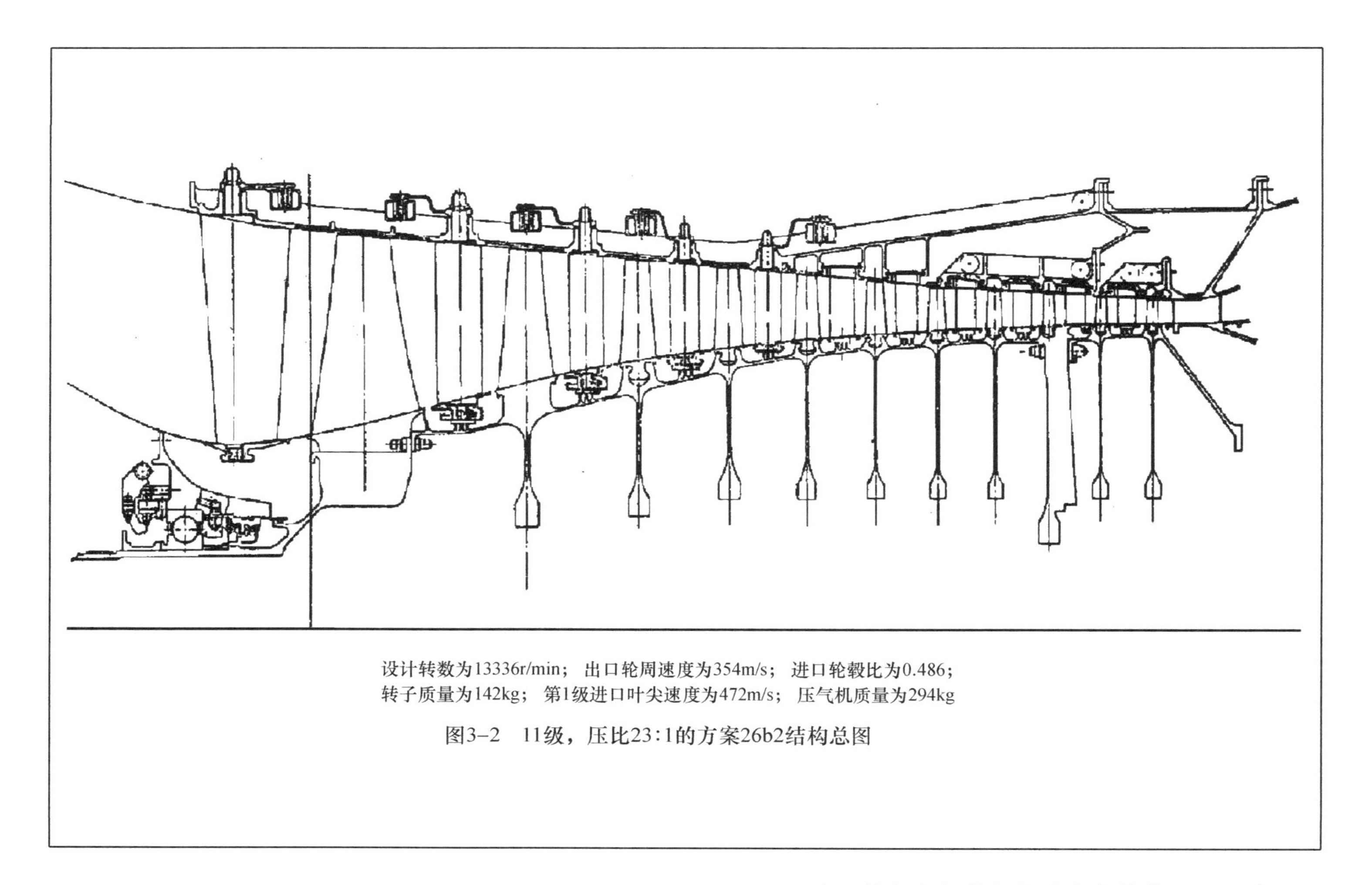

设计转数为13336r/min； 出口轮周速度为354m/s； 进口轮毂比为0.486；
转子质量为142kg； 第1级进口叶尖速度为472m/s； 压气机质量为294kg

图3-2 11级，压比23:1的方案26b2结构总图

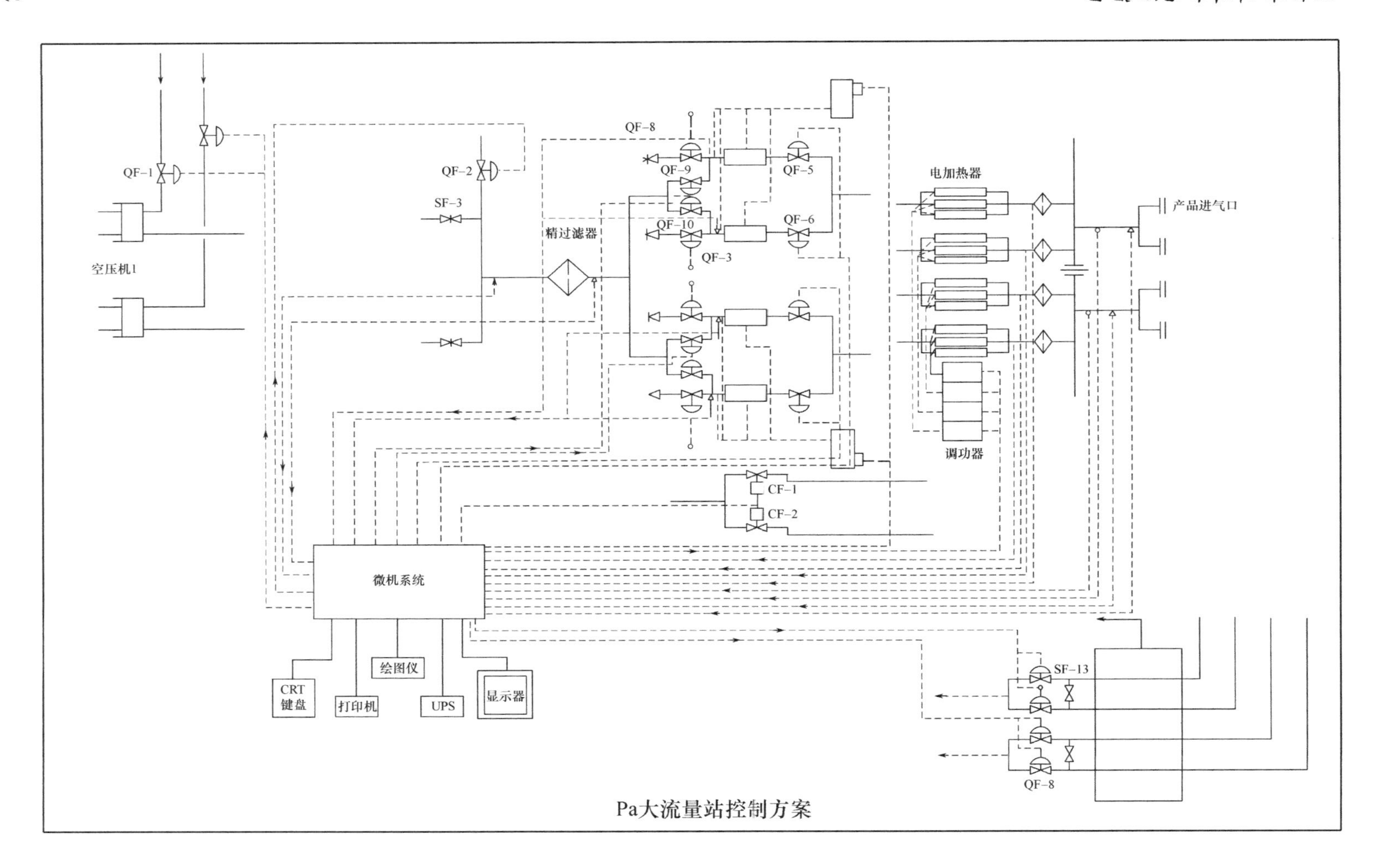
QF-1
空压机1
QF-2
SF-3
精过滤器
QF-8
QF-9
QF-10
QF-3
QF-5
QF-6
电加热器
产品进气口
调功器
CF-1
CF-2
微机系统
CRT
键盘
打印机
绘图仪
UPS
显示器
SF-13
QF-8

Pa大流量站控制方案

6. 续图的编写形式

当一个图需断开分别放置在两页上时，应在次页图的下方居中位置注明"续图×"并注明图题。范例如下：

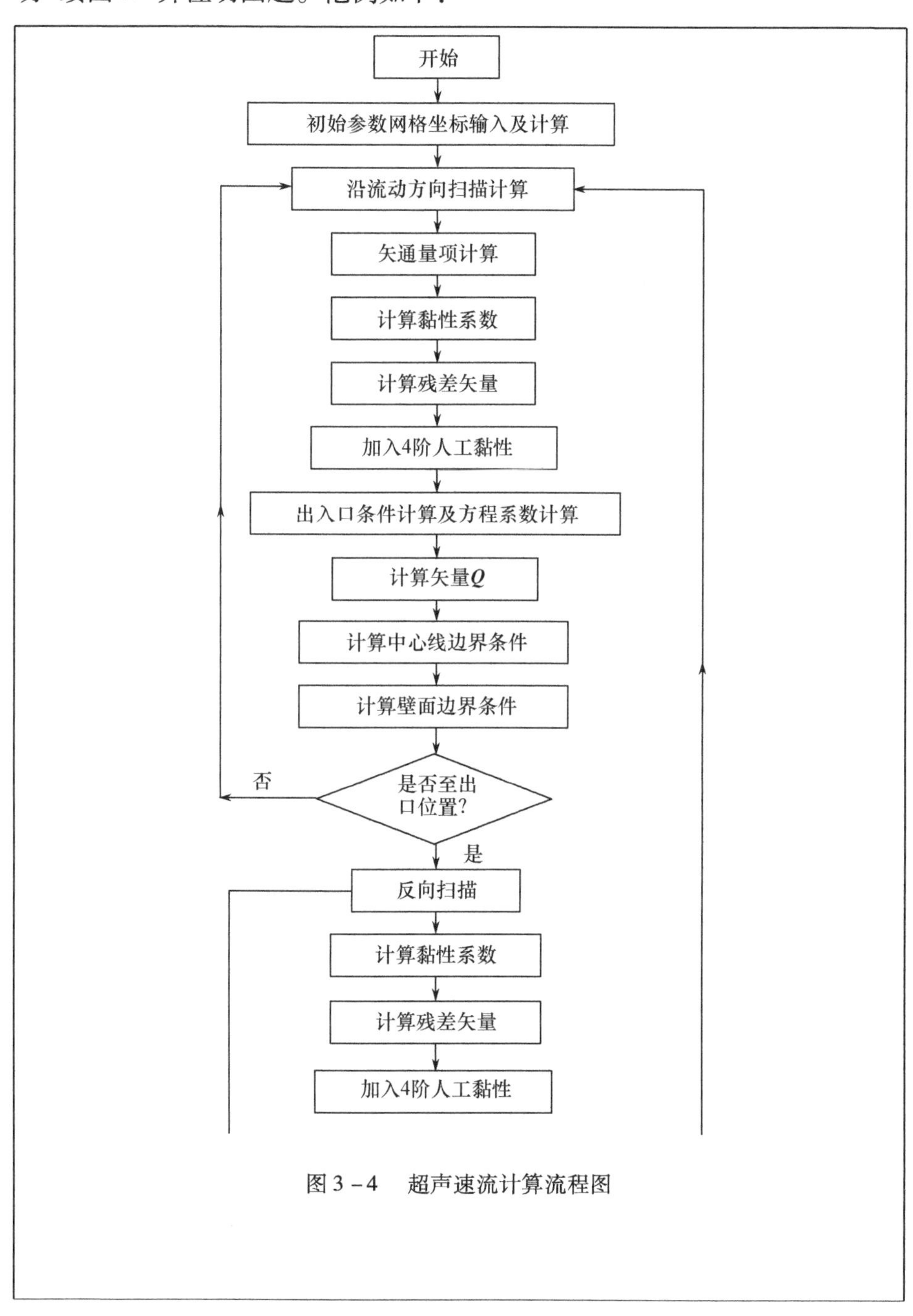

图3-4　超声速流计算流程图

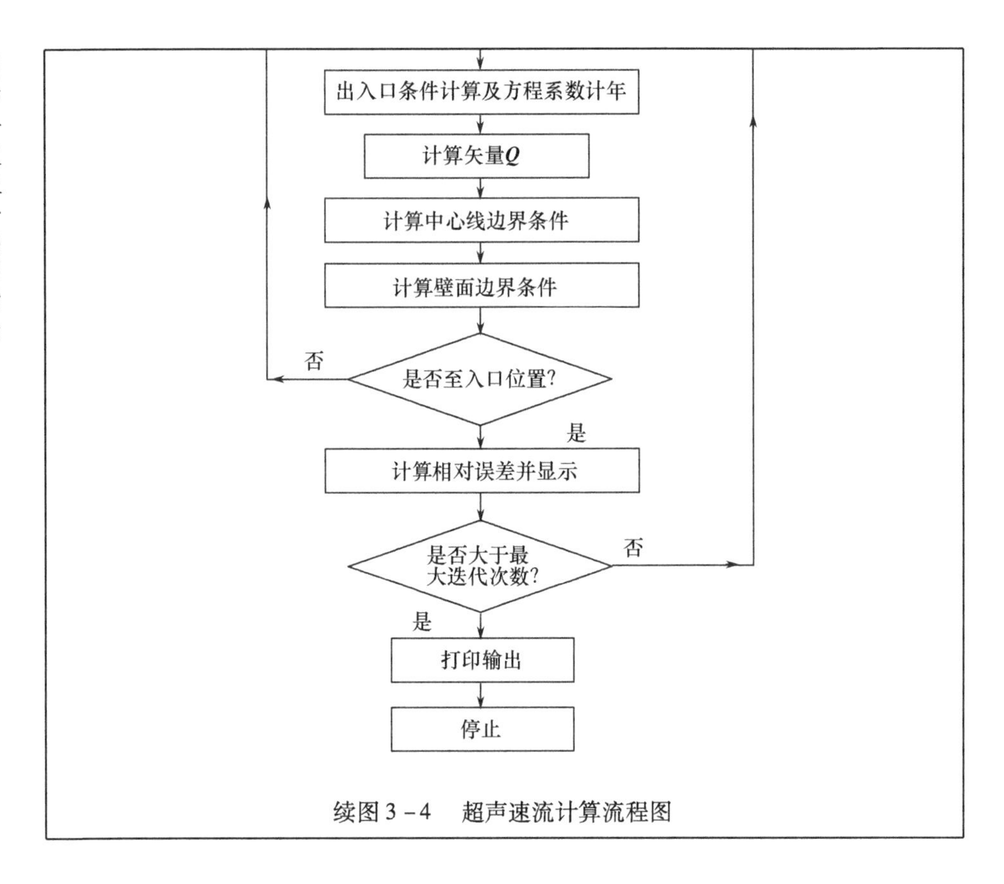

续图 3－4　超声速流计算流程图

4.10.5　页末注

正文中某些文字内容须加以说明而又不适于作正文来叙述时,可用页末注在需要说明之处的右上角,用带圆圈的阿拉伯数字①,②,③,……,顺序编号。正文与注文之间加一横线隔开,该横线长度约为版心宽度的四分之一,所要注释的内容按同样顺序编排在横线下方,左起空两个字的位置写“注”,后面加冒号(:),按序号①,②,③,……,依次写原顺序号,再写注释的内容。注文不得转入下页。各页的注码均从头编起,不能接上页的注码编排。范例(见阴影部分)如下:

> 在核农学的获奖成果总数中,已有 20% 以上的成果在生产中得到应用,在 1993 年之前的 25 年间累计创表观效益大约 250 亿元,年均约占全国农业总产值的 0.16%[①]。我国的核农学研究为国民经济做出了重大贡献。

6.3 获奖成果效益比较

在全国170项国家发明奖中，年经济效益在0.1亿元以上的共13项，年创效益共31亿元，其中核农学奖3项②，占总项数的23%，年创效益14亿元，占总效益的45%，核农学项目的平均年效益为4.7亿元，是其他类项目的2.76倍。

注：① 根据1993年《中国年鉴》所报道数据计算，1986—1991年，全国农业总产值年平均为6100亿元人民币。

② 橡胶树北移栽培技术、玉米自交系原武02、鲁棉1号。

4.10.6 表中注

表中的数据、某些项目或有关全表的内容需要用脚注时，在所注对象右上角用带右半括号的阿拉伯数字1)，2)，3)，……，顺序编号，所要注释的内容写在该脚注所在表的下面，左起空两个字的位置写“注”，后面加冒号(:)，按序号1)，2)，3)，……，依次写原顺序号，再写注释的内容。图和公式中的数字、符号或其他内容需要用脚注时，仿照表中的注释形式。范例(见阴影部分)如下：

表2-1　我国5个铀矿1988—1993年井下氡浓度 Bq/m^3

年份	A矿		B矿		C矿		D矿		E矿	
	样品数	均值	样品数	均值	样品数	均值	样品数	均值	样品数	均值
1988	809	8917	214	3478	389	2590	503	9879	1408	3515
1989	809	7104	329	2627	334	3219	563	11988	1951	3034
1990	556	7104	342	2627	361	3626	635	17538	2043	2923
1991	545	9398	309	2590	292	22644	486	12913	1743	2886
1992	675	10249	287	2590	343	9953	465	10360	1372	3700
1993	1036	8362	343	2405	307	5920	462	15836	746	3515
合计1)	4430	8491	1824	2674	2026	7520	3114	13251	9263	3192

注：1) 各矿的样品数加权平均值。

4.11 结论

科技报告应有最终的、总体的结论，结论不是正文中各段的小结的简单重复。结论部分可以描述正文中的研究发现，评价或描述研究发现的作用、影响、应用等，可以包括同类研究的结论概述、基于当前研究结果的结论或总体结论等。结论应客观、准确、精炼。如果不能得出结论，应进行不要的讨论。

"结论"两个字占一行，左起顶格书写，具体内容另起一行空两个字的位置编写。范例如下：

> 结论
>
> 热堆基准问题计算结果表明，能谱指标的计算值与测量值的偏差较大，但是 k_{eff} 的计算值与测量值的最大偏差仅为 0.29%；零功率临界实验计算结果表明，从总体上来说用新库 TPLIB－95 的计算结果比用旧库 TPLIB 更接近于测量值；大亚湾和秦山两个核电站第一循环堆芯计算结果表明，寿期内临界硼浓度与测量值符合很好，最大偏差仅为 $15 \times 10^{-6} L^{-1}$。
>
> 如上所述，TPLIB－95 库要优于旧库 TPLIB，但是造成临界硼浓度偏差的原因有待进一步分析解决，如果对新库的数据加以适当调整，则会得到更好的结果。

4.12 建议

基于调查研究的结果和结论，可对下一步的工作设想、未来的研究活动、存在的问题及解决办法等提出一系列的行动建议。"建议"两个字占一行，左起顶格书写，具体内容另起一行空两个字的位置编写。也可在结论部分提出未来的行动建议。

4.13 参考文献

科技报告中所有被引用的文献都要列入参考文献中,未被引用但被阅读或具有补充信息的文献可作为附录列于"参考书目"中。参考文献应置于报告正文部分的最后,宜另起页。

4.13.1 参考文献在正文中标注的编写形式

1. 单个参考文献在正文中标注的编写形式

参考文献编号置于引文后面的右上角处,用方括号注阿拉伯数字,如[1],[2],……。范例(见阴影部分)如下:

> 我国铀矿开采始于20世纪50年代末。随着通风系统的完善,防护措施的加强,矿井下氡浓度有了大幅度的降低,尽管如此,矿工的集体有效剂量在核工业中仍占最大的比例。表1给出我国13个铀矿1972—1989年井下氡浓度统计结果[1]。

2. 多个参考文献编号连续时标注的编写形式

在同一处,同时提及数个文献时,在一个方括号内注阿拉伯数字,编号连续时用波浪号(~)连接。范例(见阴影部分)如下:

> 铀表面与空气等的化学作用已被广泛地研究过,A. G. Ritchie 和 C. A. Colmenares 等对20世纪80年代以前的工作分别进行过综述[1~4],汪小琳、傅依备和谢仁寿对近期进展做过论述。

3. 多个参考文献编号不连续时标注的编写形式

在同一处,同时提及数个文献时,在一个方括号内注阿拉伯数字,编号不连续时用逗号(,)分开。范例(见阴影部分)如下:

可能性合理地假设,单一的 UO_2 晶体,有可能像 Al_2O_3 晶体保护金属铝那样而防止铀表面进一步氧化或其他腐蚀过程。这种观点未见报道,仅在近期个别文献[4,7,9]中涉及 CO 对由铀酸铵分解得到的 UO_3 和 U_3O_8 的还原性问题。

4. 多个参考文献编号连续和不连续同时出现时标注的编写形式

在同一处,同时提及数个文献时,在一个方括号内注阿拉伯数字,不连续的编号用逗号(,)分开,连续的编号用波浪号(~)连接。范例(见阴影部分)如下:

因此,本文区别于一般研究者,不是试图保持纯铀金属表面,而是代之以研究如何获得铀表面的"钝化层",以阻止铀表面的进一步腐蚀。所以,在考虑铀表面腐蚀时,并不讨论铀表面氧化或其他腐蚀反应,甚至也不看重诸如 UO_2 进一步氧化为 U_3O_8 等过程[3,6~9],而是研究 CO 还原 UO_2,UO_3 以及 U_3O_8 等的可能性问题。

5. 将参考文献作为语句组成部分的标注的编写形式

参考文献作为语句的组成部分出现在正文中时,将其编号写在方括号([ ])中,字号与正文相同。范例(见阴影部分)如下:

研究表明,格架钎焊时效后尺寸普遍缩小,这与参考文献[6,9]结果相一致。

定位格架钎焊时效过程中外形尺寸的变化主要取决于两个因素:一是 GH-169 合金的性质;二是格架条带的加工及格架装配的尺寸精度。

4.13.2 参考文献的著录形式

1. 专著型参考文献的著录形式

专著型参考文献的著录格式:

顺序号作者．书名．版本(第1版不标注)．出版地:出版者,出版年．起止页码

范例如下:

1 竺可桢．物候学．修订2版．北京:科学出版社,1973. 1～30

2 汲长松．核辐射探测器及其实验手册．北京:原子能出版社,1990

3 刘国钧,陈绍业,王凤翥编．图书馆目录．北京:高等教育出版社,1957

4 Borko H,Bernier C L. Indexing concepts and methods. New York:Academic Press,1978

2. 连续出版物参考文献的著录形式

1）说明

（1）著录格式:

顺序号作者．题名．刊名,出版年,卷号(期号):起止页码

（2）外文刊名可缩写,缩写后的首字母应大写。外文刊名已有缩写的,应使用已有的缩写。外文刊名没有缩写的,应执行ISO 4—1984《文献工作——期刊刊名缩写的国际规则》(补充件),其基本规则:①缩写方法是用截短的方法,即省略词尾一串字母(至少两个)。由一个单音节或5个或少于5个字母组成的词不能缩写。②用简略字缩写,即省略内部字母。③一个词不能缩写成单个首字母,但将Journal缩写成J.(或J)例外。④一般来说,缩写词的顺序应当按照不省略的词序。⑤缩写刊名中一般不应含冠词、连词和前置词的缩写。

2）范例

1 高景德,王祥珩．交流电机的多回路理论．清华大学学报(自然科学版),1987,27(1):1～8

2 Nadkarni M A,Nair C K K,Pandey V N,et al. Characterization of alpha－galactosidase from corynebacterium murisepticum and mechanism of its induction. J Gen App Microbiol. 1992,38(1):23～34

3 华罗庚,王元. 论一致分布与近似分析:数论方法(I). 中国科学,1973,4:339~357

4 陶仁骥. 密码学与数学. 自然杂志,1984,7(7):527

3. 科技报告参考文献的著录形式

1) 说明

(1) 著录格式:

顺序号作者. 题名. 报告号. 出版年.

(2) 科技报告以报告号为主要标识,报告号一般由前缀和序号组成,如CNIC-00696、KAPL-1741 等。因此,在著录科技报告时,除作者、题名外,必须著录报告号。若一篇报告不止一个号码时(如 CNIC-01205、BINE-0030),一般只著录第一号码,多级号码都著录时,先著录第一级,其余的放在后面,并用逗号分开。

2) 范例

1 路子显,徐世明. ^{137}Cs 在水稻体内及土壤中转移、累积与分布. 中国核科技报告,CNIC-00696. 1992

2 Chen Daolong. Research of a high precision sodium pressure transducer. China Nuclear Science and Technology Report, CNIC-00012, SINER-0002. 1986

3 Hang R M. Corrosion of aluminium in high temperature water. KAPL-1741. 1957

4. 学位论文参考文献的著录形式

著录格式:

顺序号作者. 题名:[学位论文]. 保存地点:保存单位,年. 起止页码.

范例如下:

1 张竹生．微分半动力系统的不变集:[学位论文]．北京:北京大学数学系,1983

2 Cairns R B. Infrared spectroscopic studies on solid oxygen:[dissertation]. Berkeley:Univ. of Califonia, 1965. 18～24

5. 论文集参考文献的著录形式

著录格式:

顺序号作者．题名．见(英文用“In”):主编．论文集名．出版地:出版者,出版年．起止页码．

范例如下:

1 张全福,王里青．“百家争鸣”与理工科学报编辑工作．见:郑福寿主编．学报编辑论丛:第2集．南京:河海大学出版社,1991. 1～4

2 Dupont B. Bone marrow transplantation in severe combined immunodeficiency with and unrelated MLC compatible donor. In: White H J, Smith R, eds. Proceedings of the Third Annual Meeting of the International Society for Experimental Hematology. Houston: Intrernational Society for Experimental Hematology, 1974. 44～46

3 Rosenthall E M, ed. Proceedings of the fifth Canadian Mathematical Congress, Univ. of Montreal, 1961. Toronto: Univ. of Toronto Press, 1963

6. 技术标准参考文献的著录形式

著录格式:

顺序号起草责任者．标准代号标准顺序号-发布年标准名称．出版地:出版者,出版年

范例如下:

1 全国文献工作标准化技术委员会第六分委员会．GB 6447—86 文摘编写规则．北京:中国标准出版社,1986

2 国防科学技术工业委员会．GJB 567A—97 中国国防科学技术报告编写规则．北京:国防科工委军标出版发行部,1997

7. 专利参考文献的著录形式

著录格式：

顺序号专利申请者．题名．其他责任者．附注项．文献标识符．专利国别，专利文献种类，专利号．出版日期

范例如下：

1 姜锡洲．一种温热外敷药制备方法．中国，881056073. 1989. 07. 26

2 Fredric Fillet. Process and installation for the separation of gas by permeation. Int. Cl：B01D53/22. United States patent, 5429662. Jul. 4, 1995

4.14 附录

4.14.1 附录的内容与位置

1. 说明

（1）附录是科技报告正文部分的补充项目，可汇集以下内容：

① 编入正文影响论述的条例和逻辑性，但对保证报告的完整性又是必需的材料；

② 由于篇幅过大等原因不便置于正文中的材料；

③ 对一般读者并非必要但对本专业同行具有参考价值的材料；

④ 正文中未被引用但具有补充参考价值的参考书目。

（2）附录包括辅助性的图、表、数据、数学推导、计算程序、设备、技术的详细描述等资料。

（3）附录置于报告的参考文献之后一页，页码须紧接报告的参考文献连续编号。

（4）附录的编号和标题应列入目次页。

（5）每个附录应单独另起一页编写。

2. 范例

附 录 B

附 录 A

参考文献

1 竺可桢.物候学.北京：科学出版社，1973.1～3
2 Borko H，Bernier C L. Indexing concepts and methods. New York: Academic Press，1978

4.14.2 附录的编号和标题

1. 说明

(1)“附录”两个字写在附录首页上方居中位置，中间应空一个字，并单独占一行。

(2) 附录应按其在报告中出现的先后次序，用大写拉丁字母从 A 起顺序编号，编号写在附录两字之后，如附录 A、附录 B 等。附录仅有一个也要加上拉丁字母，如附录 A。

(3) 附录如需加标题，则应将其写在附录 × 三字下面一行的居中位置。附录标题和附录内容之间应空一行。

(4) 附录中的章、节的编号方法和排列格式与正文中相同，但必须在其编号前面加上该附录的大写拉丁字母编号，如附录 B 中章的编号用 B1，B2，B3，……，表示，节的编号用 B1.1，B1.2，B1.3，……，表示。

(5) 附录中的公式的编号方法与正文中相同，但必须在其编号前面加上该附录的大写拉丁字母编号，如附录 B 中公式的编号用(B1－1)，(B1－2)，(B1－3)，……，表示。

(6) 附录中插图、插表的编号方法与正文相同,但必须在其编号前面加上该附录的大写拉丁字母编号,如附录 A 的插图分别用图 A1 -1,图 A1 -2,……,表示,插表分别用表 A1 -1,表 A1 -2,……,表示。

2. 范例

附录有标题且在附录中有插图和插表的范例:

附 录 A

一体化询问天线测试报告

A1　驻波比测试

图 A1 -1 是端口驻波比及差端口驻波比随频率变化的测试曲线。其测试数据如表 A1 -1。

(略)

图 A1 -1　和端口驻波比的频率特性

表 A1 -1 天线驻波比测试数据

频率/MHz	和端口驻波比	差端口驻波比
1025 ~ 1035	≤1.4	≤1.3
1085 ~ 1095	≤1.4	—

A2　方向图和增益测试

测试曲线见图 A2 -1。

(略)

图 A2 -1　f =1030MHz 方位面和差方向图(H 面)

附录没有另加标题且在附录中有章、条、插表和公式的范例：

附　录　B

B1　国内外同类产品的对比

表 B1－1 列出了我们的一体化询问天线与英国 Cossor 和德国 ASYM 天线的指标。由于英国的天线不具有后向覆盖的要求，“差”波束不需要加副天线，能量全部集中在主天线，所以“差”波束前向特性必然比德国的好。

表 B1－1　一体化询问天线与英国 Cossor 公司和德国 ASYM 公司产品性能对比

型号	驻波比	“和”方向性增益/dB	“差”波束凹口深度/dB	副瓣电平/dB
英国 Cossor	<1.6	15	—	<－21
德国 ASYM	1030MHz 时 ≤1.5	1030MHz 时 15±0.5	<－20	<－19
一体化询问机天线	<1.4	>14.5	<－25	<－21.8

B2　小波变换的基本概念

B2.1　连续及离散小波变换

设有时间函数 $\psi(t)$ 是平方可积的，即满足

$$\int_{-\infty}^{+\infty} | \psi(t) | 2\mathrm{d}t < \infty \qquad (B2-1)$$

且其傅里叶变换 $\psi(\omega)$ 满足

$$C\psi = \int_{-\infty}^{+\infty} | \psi(\omega) | 2 | \omega | -1\mathrm{d}\omega < \infty \qquad (B2-2)$$

则通常称函数 $\psi(t)$ 是满足“容许性”条件的，或可称函数 $\psi(t)$ 为一本小波母函数。

由 $C\psi$ 的有限性可推出

$$\psi(0) = 0 \qquad (B2-3)$$

4.15 封底

印刷版科技报告宜有封底,一般为空白页,不计入总页数。

附录

GB/T 7713.3—2014《科技报告编写规则》

1 范围

GB/T 7713 的本部分规定了科技报告的编写、组织、编排等要求,用于科技报告的编写、收集、保存、加工、组织、检索和交流利用。

本部分适用于印刷型、缩微型、电子版等形式的科技报告。不同学科或领域的科技报告可参考本规则制定本学科或领域的编写规范。

2 规范性引用文件

下列文件对于本文件的应用是必不可少的。凡是注日期的引用文件,仅注日期的版本适用于本文件。凡是不注日期的引用文件,其最新版本(包括所有的修改单)适用于本文件。

GB 3100 国际单位制及其应用

GB 3101 有关量、单位和符号的一般原则

GB 3102(所有部分)量和单位

GB/T 6447 文摘编写规则

GB/T 7714 文后参考文献著录规则

GB/T 11668 图书和其它出版物的书脊规则

GB/T 15416 科技报告编号规则

GB/T 15834 标点符号用法

GB/T 15835 出版物上数字用法

GB/T 16159 汉语拼音正词法基本规则

GB/T 30534 科技报告保密等级代码与标识

CY/T 35 科技文献的章节编号方法

3 术语和定义

下列术语和定义适用于本文件。

3.1

科技报告 scientific and technical reports

科学技术报告

进行科研活动的组织或个人描述其从事的研究、设计、工程、试验和鉴定等活动的进展或结果,或描述一个科学或技术问题的现状和发展的文献。

科技报告中包含丰富的信息,可以包括正反两方面的结果和经验,用于解释、应用或重复科研活动的结果或方法。

科技报告的主要目的在于积累、交流、传播科学技术研究与实践的结果,并提出有关的行动建议。

3.2

中国科技报告号 china scientific and technical reports number;CRN

采用字母、数字混合字符组成的用以标识中国科技报告的完整的、格式化的一组代码。中国科技报告号由基层编号和部门编号共同构成。基层编号由科技报告的创建者标识和记录号以及附加记录号之后的后缀三个标识功能区域构成;部门编号由科技报告所属部门代码和年代以及顺序号组成的部门编号共同构成。

[GB/T 15416—2014,定义 3.2]

3.3

封面 front cover

科技报告的外表面,对科技报告起保护作用,并提供相关的信息。

3.4

封二 inside front cover

封面的内页。

3.5

题名页 title page

包含科技报告完整书目信息的页,通常包括题名信息、作者信息、出版说明等。

3.6

辑要页 report documentation page

由描述科技报告主要特征的元素组成,包括题名页的书目信息及摘要、关键词等,是对科技报告进行著录的依据。

3.7

摘要 abstract

对科技报告总体内容的简要陈述,不加评论和补充解释,是一篇独立、完整的短文。

3.8

摘要页 abstract page

摘要及关键词的总和,单独编页。

3.9

目次 table of contents

科技报告各章、节的顺序列表,包括章、节编号、名称和起始页码。

3.10

元数据 metadata

描述科技报告的一种结构化数据,用于实现检索、管理、使用、保存等功能。

注:科技报告包含四类必备的元数据:描述元数据,如责任者、题名、关键词等;结构元数据,如图表、目次清单等;管理与利用元数据,如软件类型、版本、使用许可与利用权限等;保存元数据,如安全存放的载体形式、可呈现的保存版式、可再用的迁移或转换格式等。

3.11

可扩展置标语言 extensible markup language;XML

一种元标记语言,使用者可以根据需要定义自己的标记,可用于描述和交换结构化数据。

3.12

文档类型格式 document type definition;DTD

采用 XML 描述科技报告的各组成部分及其属性的一种描述规则。

注 1:科技报告文档类型格式主要描述①科技报告各组成元素,如图、表等,②科技报告的逻辑结构,如章节等。

注2:科技报告通过建立与文档类型格式相适应的XML文档,适应数字环境和网络环境的识别、传输和显示。

3.13

可扩展样式语言 eXtensible Stylesheet Lenguage;XSL

XSL样式表 XSL style sheet

采用XML来实现科技报告结构化文档的显示和转换的文档。

注:XSL样式表既能实现科技报告的结构化信息和顺序的显示,又能自动产生科技报告元数据,如题名、目次等;复杂的XSL样式表可满足多种需求,如描述科技报告文档的屏幕显示,科技报告的网络出版等。

4　组成部分

4.1　一般要求

科技报告一般包括以下3个组成部分:

a) 前置部分;

b) 正文部分;

c) 结尾部分。

各部分的具体构成及相关的元数据信息见表1。

表1　科技报告构成元素表

组成		状　态	功　能
前置部分	封面	必备	提供题名、作者等描述元数据及密级、使用范围等管理元数据信息
	封二	可选	可提供权限等管理元数据信息
	题名页	可选	提供描述元数据信息
	辑要页	必备	提供描述和管理元数据信息
	序或前言	可选	描述元数据
	致谢	可选	内容
	摘要页	可选	提供关键词等描述元数据信息
	目次	必备	结构元数据
	插图和附表清单	可选,图表较多时使用	结构元数据
	符号和缩略语说明	可选,符号等较多时使用	结构元数据

（续）

组成		状　态	功　能
正文部分	引言部分	可选	内容
	主体部分	必备	内容
	结论部分	必备	内容
	建议部分	可选	内容
	参考文献	有则必备	结构元数据
结尾部分	附录	有则必备	结构元数据
	索引	可选	结构元数据
	发行列表	可选，进行发行控制时使用	管理元数据
	封底	可选	可提供描述元数据等信息
注：科技报告结构图见附录A			

4.2　前置部分

4.2.1　封面

科技报告应有封面。封面应提供描述科技报告的主要元数据信息，可包括下列元素：

a）科技报告密级　由科技报告编写单位按照国家有关保密规定提出，并按照 GB/T 30534 的要求进行标识。

科技报告密级应置于显著位置，一般宜置于印刷版科技报告页面的右上角，电子版科技报告物理载体或首屏的显著位置。

b）科技报告编号　由科技报告管理机构分配。由于不同的管理机构通常会分配不同的报告编号，一份科技报告可能会有多个编号。

科技报告编号按照 GB/T 15416 的要求进行标识。

科技报告编号应置于显著位置，一般宜置于印刷版科技报告页面的左上角，电子版科技报告物理载体或首屏的显著位置。如空间允许，也可置于书脊。多卷、册、篇科技报告编号的位置应一致。

c）题名　题名用词应反映科技报告最主要的内容，并应考虑选定关键词和编制题录、索引等二次文献所需要的实用信息，尽量避免使用不常见的缩略词、首字母缩写字，避免使用字符、公式。

题名语意未尽，可用副题名补充阐明或引申说明科技报告中的特定内容。

分卷(册、篇)编写科技报告,每卷(册、篇)宜用副题名区别特定内容,并应有编号。

题名和副题名宜中英文对照。

d) 作者及作者单位　对于选定研究课题和制订研究方案、直接参加全部或主要部分研究工作并作出主要贡献,以及参加编写科技报告并能对内容负责的个人或单位,按其贡献大小排列名次。其他参与者可作为参加工作的人员列入致谢部分。必要时可注明个人作者的职务、职称、学位等;如作者系单位、团体或小组,应写明全称。

作者姓名附注汉语拼音时,应符合 GB/T 16159 的规定。

作者单位应标注规范名称。

e) 完成日期　科技报告编写完成日期,可置于呈交发布日期之前,宜遵照 YYYY - MM - DD 日期格式著录。

f) 备注(如有)　用于提醒注意某些事项,例如,发行限制信息、版权信息、撤换或处置说明、资助信息、审核签名、免责声明、报告与其他工作或成果的联系等。也可置于封面或封二。

g) 项目(课题)　资助机构科技报告编写完成机构与项目(课题)资助机构不同时,宜注明项目(课题)资助机构的全称。

h) 项目(课题)编号　资助项目(课题)所形成的科技报告宜注明资助机构分配的项目/课题编号。

i) ISSN、ISBN 或其他的科技报告识别号(如有),也可置于封底。

j) 出版项(如有)　包括出版地、出版者名称、出版日期。出版日期宜遵照 YYYY - MM - DD 日期格式著录。

项目资助机构也可根据需要自行规定其他信息。

注:对于电子版科技报告,宜在其物理载体的标签上或者使用说明(手册)等附件中注明格式信息及相关的技术要求等信息。

4.2.2　封二

科技报告宜有封二。封二一般标注备注及其他应注明事项。

4.2.3　题名页

科技报告可有题名页。元数据信息在封面、题名页、辑要页等不同的位置出现时,应保持一致。题名页一般包括下列元数据信息:

a）科技报告密级;

b）科技报告编号;

c）科技报告类型,及起止日期(如有);

注:科技报告类型一般包括进展报告,如年度报告、中期报告等,专题报告,如调查报告、研究报告、论证报告、考察报告、观测报告、测试(检测)报告、设计报告、分析报告、实验(试验)报告、研制报告、施工报告、演示验证报告、鉴定报告等,最终报告,如技术总结报告。

起止日期指科技报告所覆盖的时期范围,如年度报告所覆盖的年度。

d）题名;

e）作者及作者单位;

f）完成日期;

g）项目资助机构;

h）项目(课题)编号;

i）备注;

j）出版项。

项目资助机构也可根据需要自行规定其他信息。

4.2.4　辑要页

科技报告应有辑要页。辑要页集中描述科技报告的基本特征,提供加工、检索科技报告所需要的所有相关书目数据,包括封面、题名页上的元数据信息以及摘要、关键词、科技报告总页数等元数据信息。

摘要、关键词的编写参见4.2.7。

4.2.5　序或前言

序或前言一般是作者或他人对报告基本特征的简介,如说明研究工作缘起、背景、主旨、目的、意义、编写体例,以及资助、支持、协作经过等。这些内容也可在正文部分引言中说明。

序或前言宜另起一页，置于辑要页之后。

4.2.6 致谢

对相关工作的开展或科技报告的编写等给予帮助的组织和个人宜致谢，包括：

——国家科学基金、资助研究工作的奖学金基金、合同单位、资助或支持的企业、组织或个人；

——协助完成研究工作和提供便利条件的组织或个人；

——在研究工作中提出建议和提供帮助的人；

——给予转载和引用权的资料、图片、文献、研究思想和设想的所有者；

——其他应感谢的组织或个人。

致谢可放在序或前言中，也可另起一页，单独列出。

4.2.7 摘要页

科技报告应有中英文摘要。中文摘要字数一般为 300 ~ 600 字，英文摘要实词一般为 300 个左右。如遇特殊需要字数可以略多。

摘要应简明扼要，能客观、真实地反映科技报告的重要内容和主要信息。摘要应具有独立性和自含性，即不阅读报告的全文，就能获得必要的信息。其内容一般说明相关工作的目的、方法、结果和结论等，应尽量避免采用图、表、化学结构式、非公知公用的符号和术语等。摘要的编写应符合 GB/T 6447 的规定。

科技报告应选取 3 ~ 8 个关键词。关键词应在科技报告中有明确的出处，反映科技报告的研究对象、学科范围、研究方法、研究结果等，并应尽量采用《汉语主题词表》或各专业主题词表提供的规范词。

关键词应中英文对照，并另起行，置于摘要下方。

摘要和关键词应置于辑要页中，也可同时另起一页，置于目次之前。

4.2.8 目次

科技报告应有目次。电子版科技报告的目次应自动生成。

科技报告分卷（册、篇）编写时，最后一卷（册、篇）应列出全部科技报告的目次，其余卷（册、篇）可只列出本卷（册、篇）的目次，并宜列出其他各卷

(册、篇)的题名。

目次一般列至正文的第二层级或第三层级的章节。若目次中列出了某一层级的章节,则应列出该层级所有章节的编号、标题和页码。

目次宜另起一页,至于摘要页之后。

4.2.9　插图和附表清单

插图和附表较多时,应分别列出插图清单和附表清单。插图清单在前,应列出图序、图题和页码。附表清单在后,应列出表序、表题和页码。

插图较多而附表较少,或者插图较少而附表较多,可将插图和附表合在一起列出图表清单,插图在前、附表在后。

插图和附表清单宜另起一页,置于目次之后。

注:电子版科技报告正文中的插图和附表宜采用“插入—图片—来自文件”的形式。

4.2.10　符号和缩略语说明

符号、标志、缩略词、首字母缩写、计量单位、名词、术语等的注释说明较多时,应汇集成表,置于插图和附表清单之后。

符号和缩略语说明宜另起一页编写。

4.3　正文部分

4.3.1　一般要求

正文部分由引言开始,描述相关的理论、方法、假设和程序等,讨论结果,阐明结论和建议,以参考文献结尾。

由于涉及的学科、选题、方法、工作进程、结果表达、写作目的等不同,正文部分的内容可能会有很大的差异,但应客观真实、准确完整、层次清晰、科学合理、文字顺畅、可读性强。

正文部分应从另页的右页开始,每章可另起一页。章、节编号见 5.2.2。

4.3.2　引言部分

引言部分应简要说明相关工作的背景、意义、范围、对象、目的、相关领域的前人工作情况、理论基础、研究设想、方法、预期结果等,同时,可指明报告的读者对象。但不应重述或解释摘要,不对理论、方法、结果进行详细描述，不涉及发现、结论和建议。

短篇科技报告也可用一段文字作为引言。

4.3.3 主体部分

主体部分是科技报告的核心部分，应完整描述相关工作的基本理论、研究假设、研究方法、试（实）验方法、研究过程等，应对使用到的关键装置、仪表仪器、材料原料等进行描述和说明。本领域的专业读者依据这些描述应能重复调查研究过程、评议研究结果。

主体部分应陈述相关工作的结果，对结果的准确性、意义等进行讨论，并应提供必要的图、表、实验及观察数据等信息。不影响理解正文的计算和数学推导过程、实验过程、设备说明、图、表、数据等辅助性细节信息可放入附录。图、表、公式等的编排见5.3。

主体部分可分为若干层级进行论述，涉及的历史回顾、文献综述、理论分析、研究方法、结果和讨论等内容宜独立成章。

4.3.4 结论部分

科技报告应有最终的、总体的结论，结论不是正文中各段的小结的简单重复。

结论部分可以描述正文中的研究发现，评价或描述研究发现的作用、影响、应用等，可以包括同类研究的结论概述、基于当前研究结果的结论或总体结论等。结论应客观、准确、精炼。

如果不能得出结论，应进行必要的讨论。

4.3.5 建议部分

基于调查研究的结果和结论，可对下一步的工作设想、未来的研究活动、存在的问题及解决办法等提出一系列的行动建议。也可在结论部分提出未来的行动建议。

4.3.6 参考文献

科技报告中所有被引用的文献都要列入参考文献中，未被引用但被阅读或具有补充信息的文献可作为附录列于“参考书目”中。

引文的标注方法、参考文献和参考书目的著录项目和著录格式应符合

GB/T 7714 的规定。

参考文献应置于报告正文部分的最后,宜另起页。

4.4 结尾部分

4.4.1 附录

附录是科技报告正文部分的补充项目,可汇集以下内容:

——编入正文影响论述的条理和逻辑性,但对保证报告的完整性又是必需的材料;

——由于篇幅过大等原因不便置于正文中的材料;

——对一般读者并非必要但对本专业同行具有参考价值的材料;

——正文中未被引用但具有补充参考价值的参考书目。

附录可以包括辅助性的图、表、数据,数学推导、计算程序,设备、技术的详细描述等资料。

每个附录都应在正文部分的相关内容中提及。

每个附录宜另起一页编写。

4.4.2 索引

索引款目应包括某一特定主题及其在报告中出现的位置信息,例如,页码、章节编号或超文本链接等。

可根据需要编制分类索引、著者索引、关键词索引等。

4.4.3 发行列表

科技报告接收机构或个人的完整通信地址等相关信息,可单独成页或置于封三。

4.4.4 封底

印刷版科技报告宜有封底。

封底可放置国际标准书号、与封面相同的密级信息、出版者的名称和地址或其他相关信息,也可为空白页。

5 编排格式

5.1 一般要求

科技报告应采用国家正式公布实施的简化汉字编写。科技报告中使用的标点符号应符合 GB/T 15834 的规定。

科技报告应采用国家法定计量单位。计量单位的书写应遵照 GB 3100 ~ 3102 系列标准的规定执行。

印刷版科技报告宜用 A4 幅面纸张。纸质、用墨、版面设计等应便于科技报告的印刷、装订、阅读、复制和缩微。

电子版科技报告应采用通用文件格式,如 PDF、WORD 等。

科技报告中各位置文字的字号和字体参见附录 E。

5.2　编号

5.2.1　卷、册、篇编号

科技报告包含多卷(册、篇)时,各卷(册、篇)应采用阿拉伯数字进行编号。可以写成第 1 卷、第 1 册、第 1 篇等。

5.2.2　章、节编号

正文部分可根据需要划分章、节,一般不超过 4 级。第一层级为章,其编号自始至终连续,其余层级为节,其编号只在所属章、节范围内连续。章、节应有编号、标题,编号后空一个字的间隙书写标题。

章、节编号应符合 CY/T 35 的规定。

如章数较多,可以组合若干章为一篇,分篇编写。篇的编号用阿拉伯数字,如第 1 篇、第 2 篇。

印刷版报告的主要章、节一般都另起一页。对于非印刷版报告,可根据需要使用链接等易于理解和访问的方式来编排章节。

章、节编排示例参见附录 F。

5.2.3　图、表、公式编号

图、表、公式等一律用阿拉伯数字分别依序连续编号。可以按出现先后顺序,从引言开始一直到附录之前,连续统一编号,如图 1、表 2、式(3)等。

大中型报告,图、表、公式可以分章或篇依序分别连续编号,即前一数字为章、篇的编号,后一数字为本章、篇内的顺序号,两数字间用半字线连接,如图 2 - 1、表 3 - 1、式(3 - 1)等。全文编号方式应一致。

5.2.4　附录编号

附录宜用大写拉丁字母依序连续编号,编号置于“附录”两字之后,如附录 A、附录 B 等。

附录中章、节、图、表、公式均采用阿拉伯数字,从“1”开始编号。

附录章、节的编排格式与正文章节的编排格式相同,但应在其编号前冠以附录编号。如,附录 A 中章的编号用 A1,A2,A3,…表示。

附录中的图、表、公式、参考文献等的编号,应在数字前冠以附录编号,如图 A1、表 B2、式(B3)、文献[A5]等。

附录应有标题,附录标题置于附录编号之后,并各占一行,置于附录条文之上居中位置。

5.2.5 页码

正文部分和结尾部分用阿拉伯数字连续编码,前置部分用罗马数字单独连续编码,题名页是第 I 页。封面和封底不编页码。但计入总页数。页码在每页标注的位置应相同。

科技报告在一个总题名下分装成两卷(册、篇)以上,应连续编页码;当各卷(册、篇)有副题名时,则宜单独连续编页码。

电子版科技报告可以按页或屏等用阿拉伯数字连续标识。

5.3 图示和符号资料

5.3.1 图

图包括曲线图、构造图、示意图、框图、流程图、记录图、地图、照片等。

图应具有自明性和可读性。

图应能够被完整而清晰地复制或扫描。考虑到图的复制效果和成本等因素,图中宜尽量避免使用颜色。

照片的主题和主要显示部分应轮廓鲜明、便于制版。如采用放大或缩小的复制品,应图像清晰、反差适中。照片上应有表示目的物尺寸的标度。

图应有编号(见 5.2.3)。

图宜有图题,置于图的编号之后。图的编号和图题应置于图的下方。宜将图上的符号、标记、代码,以及实验条件等,用最简练的文字,作为图注附于图下。图注应置于图题之上。

图宜紧置于首次引用该图的文字之后。如果电子版科技报告中引用图的文字和所引用的图不在同一屏，引用时宜插入内部链接。

图应尽可能显示在同一页（屏）。如图太宽，可逆时针方向旋转90°放置。图页面积太大时，可分别配置在两页上，次页上应注明“续图×”并注明图题。

5.3.2 表

表应具有自明性和可读性。

表应有编号（见5.2.3）。

表宜有表题，置于表的编号之后。表的编号和表题应置于表的上方。宜将表中的符号、标记、代码，以及需要说明事项，用最简练的文字，作为表注附于表下。

表宜紧置于首次引用该表的文字之后。如果电子版报告中的引用表的文字和所引用的表不在同一屏，引用时宜插入内部链接。

表的编排，一般是内容和测试项目由左至右横读，数据依序竖读，建议采用国际通行的三线表格式。

如表转页接排，在随后的各页上应注明“续表×”并注明表题。续表均应重复表头。

5.3.3 公式

公式不必全部编号，为便于相互参照时才进行编号。公式编号见5.2.3。

公式另起行排在左右居中位置时，编号应置于圆括号内，标注于公式所在行（当有续行时，宜标注于最后一行）的最右边。公式编号前不写“式”字。公式与编号之间可用“…”连接。

较长的公式必须转行时，应在“=”，或者“+”“-”“×”“/”等运算符之前，或者“〕”“]”“}”等括号之后回行。上下行尽可能在“=”处对齐。

示例1：

$$f(x,y)=f(0,0)+\frac{1}{1!}\left(x\frac{\partial}{\partial x}+y\frac{\partial}{\partial y}\right)f(0,0)$$
$$+\frac{1}{2!}\left(x\frac{\partial}{\partial x}+y\frac{\partial}{\partial y}\right)^{2}f(0,0)+K$$

$$+\frac{1}{n!}\left(x\frac{\partial}{\partial x}+y\frac{\partial}{\partial y}\right)^{n}f(0,0)+K \qquad (3)$$

化学式太长无法在一行内显示,在箭头后将其截断。换行后的第一个分子式与上一行最后一个分子式对齐。

如正文中书写分数,应尽量将其高度降低为一行。例如,将分数线书写为"/",或将根号改为负指数。

公式中符号的意义和计量单位应注释在公式的下面。每条注释均应另行书写,移行时,与其开始书写文字时的位置对齐。

数字表达应遵照 GB/T 15835 执行。

应注意区别各种字符,例如:拉丁文、希腊文、俄文、德文花体、草体;罗马数字和阿拉伯数字;字符的正斜体、黑白体、大小写、上下角标、上下偏差等。

5.3.4 符号和缩略词

术语、符号、代号在全文中应统一,并符合规范化的要求。引用非公知公用的符号、记号、缩略词、首字母缩写字等时,应在第一次出现时加以说明。

5.4 注释

正文的文字内容需要进一步加以说明,且又没有具体的文献来源时,可使用脚注、尾注等注释。

脚注放置在所注释文字内容所在页面的底部,尾注放置所注释文字内容所在章、节的末尾。科技报告的篇幅较长时,宜采用"脚注"方式注释。

图、表、公式中的数字、符号或其他内容需要脚注时,应对所要注释的对象使用上标进行顺序编号,并避免与报告中文字内容的脚注或尾注的编号混淆。所要注释的内容按同样的顺序编排在所注释的表、图或公式的下方。

5.5 勘误表

编制勘误表时,按行标示正文中的错误,按编号标示公式中的错误。

示例:

页(或章节)	原文	更正
××,第×行	×××××	××××××

对于印刷版科技报告,宜在封面之后插入勘误表。对于电子版科技报告,可利用元数据中的版本信息进行勘误。

5.6 书脊

应符合 GB/T 11668 的规定。